本书受教育部人文社会科学重点研究基地山西大学科学技术哲学研究中心基金资助

认知哲学译丛

魏屹东/主编

推定与试探性认知的实践

〔美〕尼古拉斯·雷谢尔 /著

陈敬坤 /译

魏屹东 /审校

科学出版社

北京

图字：01-2011-3627 号

图书在版编目（CIP）数据

推定与试探性认知的实践／（美）雷谢尔（Rescher，N.）著：陈敬坤译．—北京：科学出版社，2015.6

（认知哲学译丛／魏屹东主编）

书名原文：Presumption and the Practices of Tentative Cognition

ISBN 978-7-03-044856-9

Ⅰ.①推… Ⅱ.①雷… ②陈… Ⅲ.①认知科学-研究 Ⅳ.①B842.1

中国版本图书馆 CIP 数据核字（2015）第 126900 号

丛书策划：郭勇斌

责任编辑：朱萍萍　刘巧巧／责任校对：张怡君

责任印制：赵　博／封面设计：黄华斌　陈　敬

科学出版社 出版

北京东黄城根北街 16 号

邮政编码：100717

http://www.sciencep.com

北京科印技术咨询服务有限公司数码印刷分部印刷

科学出版社发行　各地新华书店经销

*

2015 年 7 月第　一　版　　开本：720×1000　1/16

2025 年 2 月第五次印刷　　印张：9 1/2

字数：181 000

定价：98.00 元

（如有印装质量问题，我社负责调换）

丛 书 序

与传统哲学相比，认知哲学（philosophy of cognition）是一个全新的哲学研究领域，它的兴起与认知科学的迅速发展密切相关。认知科学是20世纪70年代中期兴起的一门前沿性、交叉性和综合性学科。它是在心理科学、计算机科学、神经科学、语言学、文化人类学、哲学以及社会科学的交界面上涌现出来的，旨在研究人类认知和智力本质及规律，具体包括知觉、注意、记忆、动作、语言、推理、思维、意识乃至情感动机在内的各个层次的认知和智力活动。十几年以来，这一领域的研究异常活跃，成果也异常丰富，自产生之日起就向世人展示了强大的生命力，也为认知哲学的兴起提供了新的研究领域和契机。

认知科学的迅速发展使科学哲学发生了“认知转向”。它试图从认知心理学和人工智能角度出发研究科学的发展，使得心灵哲学从形而上学的思辨演变为具体科学或认识论的研究，使得分析哲学从纯粹的语言和逻辑分析转向认知语言和认知逻辑的结构分析、符号操作及模型推理，极大地促进了心理学哲学中实证主义和物理主义的流行。各种实证主义和物理主义理论的背后都能找到认知科学的支持。例如，认知心理学支持行为主义，人工智能支持功能主义，神经科学支持心脑同一论和取消论。心灵哲学的重大问题，如心身问题、感受性、附随性、意识现象、思想语言和心理表征、意向性与心理内容的研究，无一例外都受到来自认知科学的巨大影响与挑战。这些研究取向已经蕴涵认知哲学的端倪，因为众多认知科学家、哲学家、心理学家、语言学家和人工智能专家的论著论及认知的哲学内容。

尽管迄今国内外的相关文献极少单独出现“认知哲学”这个概念，精确的界定和深入系统的研究也极少，但研究趋向已经非常明显。鉴于此，这里有必要对认知哲学的几个问题做出澄清。这些问题是：什么是认知？什么是认知哲学？认知哲学与相关学科是什么关系？认知哲学研究哪些问题？

第一个问题需要从词源学谈起。认知这个词最初来自拉丁文“cognoscere”，意思是“与……相识”“对……了解”。它由co + gnoscere构成，意思是“开始知道”。从信息论的观点看，“认知”本质上是通过提供缺失的信息获得新信息和新知识的过程，那些缺失的信息对于减少不确定性是必需的。

然而，认知在不同学科中意义相近，但不尽相同。

在心理学中，认知是指个体的心理功能的信息加工观点，即它被用于指个体的心理过程，与“心智有内在心理状态”观点相关。有的心理学家认为，认知是思维的显现或结果，它是以问题解决为导向的思维过程，直接与思维、问题解决相关。在认知心理学中，认知被看做心灵的表征和过程，它不仅包括思维，而且还包括语言运用、符号操作和行为控制。

在认知科学中，认知是在更一般意义上使用的，目的是确定独立于执行认知任务的主体（人、动物或机器）的认知过程的主要特征。或者说，认知是指信息的规范提取、知识的获得与改进、环境的建构与模型的改进。从熵的观点看来，认知就是减少不确定性的能力，它通过改进环境的模型，通过提取新信息、产生新信息和改进知识并反映自身的活动和能力，来支持主体对环境的适应性。逻辑学、心理学、哲学、语言学、人工智能学、脑科学是研究认知的重要手段。《MIT 认知科学百科全书》将认知与老化（aging）并列，旨在说明认知是老化过程中的现象。在这个意义上，认知被分为两类：动态认知和具化认知。前者指包括各种推理（归纳、演绎、因果等）、记忆、空间表现的测度能力，在评估时被用于反映处理的效果；后者指对词的意义、信息和知识的测度的评价能力，它倾向于反映过去执行过程中积累的结果。这两种认知能力在老化过程中表现不同。这是认知发展意义上的定义。

在哲学中，认知与认识论密切相关。认识论把认知看做产生新信息和改进知识的能力来研究。其核心论题是：在环境中信息发现如何影响知识的发展。在科学哲学中就是科学发现问题。科学发现过程就是一个复杂的认知过程，它旨在阐明未知事物，具体表现在三方面：①揭示以前存在但未被发现的客体或事件；②发现已知事物的新性质；③发现与创造理想客体。尼古拉斯·布宁和余纪元编著的《西方哲学英汉对照辞典》（2001 年）对认知的解释是：认知源于拉丁文“*cognition*”，意指知道或形成某物的观念，通常译作“知识”，也作为“*scientia*”（知识）。笛卡儿将认知与知识区分开来，认为认知是过程，知识是认知的结果。斯宾诺莎将认知分为三个等级：第一等的认知是由第二手的意见、想象和从变幻不定的经验中得来的认知构成，这种认知承认虚假；第二等的认知是理性，它寻找现象的根本理由或原因，发现必然真理；第三等即最高等的认知，是直觉认识，它是从有关属性本质的恰当观念发展而来的，达到对事物本质的恰当认识。按照一般的哲学用法，认知包括通往知识的那些状态和过程，与感觉、感情、意志相区别。

在人工智能研究中，认知与发展智能系统相关。具有认知能力的智能系统就是认知系统。它理解认知的方式主要有认知主义、涌现和混合三种。认知主义试图创造一个包括学习、问题解决和决策等认知问题的统一理论，涉及心理学、认知科学、脑科学、语言学等学科。涌现方式是一个非常不同的认知观，主张认知是一个自组织过程。其中，认知系统在真实时间中不断地重新建构自己，通过多系统-环境相互作用的自我控制保持其操作的同一性。这是系统科学的研究进路。混合方式是将认知主义和涌现相结合。这些方式提出了认知过程模拟的不同观点，研究认知过程的工具主要是计算建模，计算模型提供了详细的、基于加工的表征、机制和过程的理解，并通过计算机算法和程序表征认知，从而揭示认知的本质和功能。

概言之，这些对认知的不同理解体现在三方面：①提取新信息及其关系；②对所提取信息的可能来源实验、系统观察和对实验、观察结果的理论化；③通过对初始数据的分析、假设提出、假设检验以及对假设的接受或拒绝来实现认知。从哲学角度对这三方面进行反思，是认知哲学的重大任务。

针对认知的研究，根据我的梳理主要有以下 11 个方面。

（1）认知的科学研究，包括认知科学、认知神经科学、动物认知、感知控制论、认知协同学等，文献相当丰富。其中，与哲学最密切的是认知科学。

（2）认知的技术研究，包括计算机科学、人工智能、认知工程学（运用涉及技术、组织和学习环境研究工作场所中的认知）、机器人技术，文献相当丰富。其中，模拟人类大脑功能的人工智能与哲学最密切。

（3）认知的心理学研究，包括认知心理学、认知理论、认知发展、行为科学、认知性格学（研究动物在其自然环境中的心理体验）等，文献异常丰富，与哲学密切的是认知心理学和认知理论。

（4）认知的语言学研究，包括认知语言学、认知语用学、认知语义学、认知词典学、认知隐喻学等，这些研究领域与语言哲学密切相关。

（5）认知的逻辑学研究，主要是认知逻辑、认知推理和认知模型。

（6）认知的人类学研究，包括文化人类学、认知人类学和认知考古学（研究过去社会中人们的思想和符号行为）。

（7）认知的宗教学研究，典型的是宗教认知科学（cognitive science of religion），它寻求解释人们心灵如何借助日常认知能力的途径习得、产生和传播宗教文化基因。

（8）认知的历史研究，包括认知历史思想、认知科学的历史。一般的认知科学导论性著作都涉及历史，但不系统。

（9）认知的生态学研究，主要是认知生态学和认知进化的研究。

（10）认知的社会学研究，主要是社会表征、社会认知和社会认识论的研究。

(11) 认知的哲学研究，包括认知科学哲学、人工智能哲学、心灵哲学、心理学哲学、现象学、存在主义、语境论、科学哲学等。

以上各个方面虽然蕴涵认知哲学的内容，但还不是认知哲学本身。这就涉及第二个问题。

第二个问题需要从哲学立场谈起。

在我看来，认知哲学是一门旨在对认知这种极其复杂的现象进行多学科、多视角、多维度整合研究的新兴哲学研究领域，其研究对象包括认知科学（认知心理学、计算机科学、脑科学）、人工智能、心灵哲学、认知逻辑、认知语言学、认知现象学、认知神经心理学、进化心理学、认知动力学、认知生态学等涉及认知现象的各个学科中的哲学问题，它涵盖和融合了自然科学和人文科学的不同分支学科。说它具有整合性，名副其实。对认知现象进行哲学探讨，将是当代哲学研究者的重任。科学哲学、科学社会学与科学知识社会学的“认知转向”充分说明了这一点。

尽管认知哲学具有交叉性、融合性、整合性、综合性，但它既不是认知科学，也不是认知科学哲学、心理学哲学、心灵哲学和人工智能哲学的简单叠加，它是在梳理、分析和整合各种以认知为研究对象的学科的基础上，立足于哲学反思、审视和探究认知的各种哲学问题的研究领域。它不是直接与认知现象发生联系，而是通过研究认知现象的各个学科与之发生联系，也即它以认知本身为研究对象，如同科学哲学是以科学为对象而不是以自然为对象，因此它是一种“元研究”。在这种意义上，认知哲学既要吸收各个相关学科的优点，又要克服它们的缺点，既要分析与整合，也要解构与建构。一句话，认知哲学是一个具有自己的研究对象和方法、基于综合创新的原始性创新研究领域。

认知哲学的核心主张是：本体论上，主张认知是物理现象和精神现象的统一体，二者通过中介，如语言、文化等相互作用产生客观知识；认识论上，主张认知是积极、持续、变化的客观实在，语境是事件或行动整合的基底，理解是人际认知互动；方法论上，主张对研究对象进行层次分析、语境分析、行为分析、任务分析、逻辑分析、概念分析和文化网络分析，通过纲领计划、启示法和洞见提高研究的创造性；价值论上，主张认知是负载意义和判断的，负载文化和价值的。

认知哲学研究的目的：一是在哲学层次建立一个整合性范式，揭示认知现象的本质及运作机制；二是把哲学探究与认知科学研究相结合，使认知研究将抽象概括与具体操作衔接，一方面避免陷入纯粹思辨的窠臼，另一方面避免陷入琐碎细节的陷阱；三是澄清先前理论中的错误，为以后的研究提供经验、教训；四是提炼认知研究的思想和方法，为认知科学提供科学的、可行的认识论和方法论。

认知哲学的研究意义在于：①提出认知哲学的概念并给出定义及研究的范围，在认知哲学框架下，整合不同学科、不同认知科学家的观点，试图建立统一的研究范式。②运用认知-历史分析、语境分析等方法挖掘著名认知科学家的认知思想及哲学意蕴，并进行客观、合理的评析，澄清存在的问题。③从认知科学及其哲学的核心主题——认知发展、认知模型和认知表征三个相互关联和渗透的方面，深入研究信念形成、概念获得、知识产生、心理表征、模型表征、心身问题、智能机的意识化等重要问题，得出合理可靠的结论。④选取的认知科学家具有典型性和代表性，对这些人物的思想和方法的研究将会对认知科学、人工智能、心灵哲学、科学哲学等学科的研究者具有重要的启示与借鉴作用。⑤认知哲学研究是对迄今为止认知研究领域内的主要研究成果的梳理与概括，在一定程度上总结并整合了其中的主要思想与方法。

第三个问题是，认知哲学与相关学科或领域究竟是什么关系？

我通过“超循环结构”来给予说明。所谓“超循环结构”，就是小循环环环相套，构成一个大循环。认知科学哲学、心理学哲学、心灵哲学、人工智能哲学、认知语言学是小循环，它们环环相套，构成认知哲学这个大循环。也就是说，这些相关学科相互交叉、重叠，形成了整合性的认知哲学。同时，认知哲学这个大循环有自己独特的研究域，它不包括其他小循环的内容，如认知的本原、认知的预设、认知的分类、认知的形而上学问题等。

第四个问题是，认知哲学研究哪些问题？如果说认知就是研究人们如何思维，那么认知哲学就是研究人们思维过程中产生的各种哲学问题，具体要研究以下 10 个基本问题：

（1）什么是认知，其预设是什么？认知的本原是什么？认知的分类有哪些？认知的认识论和方法论是什么？认知的统一基底是什么？是否有无生命的认知？

（2）认知科学产生之前，哲学家是如何看待认知现象和思维的？他们的看法是合理的吗？认知科学的基本理论与当代心灵哲学范式是冲突的，还是融合的？能否建立一个囊括不同学科的统一的认知理论？

（3）认知是纯粹心理表征，还是心智与外部世界相互作用的结果？无身的认知能否实现？或者说，离身的认知是否可能？

（4）认知表征是如何形成的？其本质是什么？是否有无表征的认知？

（5）意识是如何产生的？其本质和形成机制是什么？它是实在的还是非实

在的？是否有无意识的表征？

(6) 人工智能机器是否能够像人一样思维？判断的标准是什么？如何在计算理论层次、脑的知识表征层次和计算机层次上联合实现？

(7) 认知概念如思维、注意、记忆、意象的形成的机制和本质是什么？其哲学预设是什么？它们之间是否存在相互作用？心身之间、心脑之间、心物之间、心语之间、心世之间是否存在相互作用？它们相互作用的机制是什么？

(8) 语言的形成与认知能力的发展是什么关系？是否有无语言的认知？

(9) 知识获得与智能发展是什么关系？知识是否能够促进智能的发展？

(10) 人机交互的界面是什么？脑机交互实现的机制是什么？仿生脑能否实现？

以上问题形成了认知哲学的问题域，也就是它的研究对象和研究范围。

“认知哲学译丛”所选的著作，内容基本涵盖了认知哲学的以上 10 个基本问题。这是一个庞大的翻译工程，希望“认知哲学译丛”的出版能够为认知哲学的发展提供一个坚实的学科基础，希望它的逐步面世能够为我国认知哲学的研究提供知识源和思想库。

“认知哲学译丛”从 2008 年开始策划至今，我们为之付出了不懈的努力和艰辛。在它即将付梓之际，作为“认知哲学译丛”的组织者和实施者，我有许多肺腑之言，溢于言表。一要感谢每本书的原作者，在翻译过程中，他们中的不少人提供了许多帮助；二要感谢每位译者，在翻译过程中，他们对遇到的核心概念和一些难以理解的句子都要反复讨论和斟酌，他们的认真负责和严谨的态度令我感动；三要感谢科学出版社编辑郭勇斌，他作为总策划者，为“认知哲学译丛”的编辑和出版付出了大量心血；四要感谢每本译著的责任编辑，正是他们的无私工作，才使得每本书最大限度地减少了翻译中的错误；五要特别感谢山西大学科学技术哲学研究中心、哲学社会学学院的大力支持，没有它们做后盾，实施并完成“认知哲学译丛”是不可想象的。

魏屹东
2013 年 5 月 30 日

前　言

“我想①，你是李文斯顿博士。”史丹利（H. M. Stanley）就是用这句名言问候那位失踪多年的探险家的②。这就相当于说“这就是我准备认可的情况，除非及直至进一步的发展将表明它并非如此”。推定恰恰就是这样起作用的。

在我们对有益的知识以及实践决策（practical decision）的探求中，推定这一主题涵盖了广泛的实践。不过，这些特定的解决方案具有一种试探性的特点，它们承诺的不是绝对的确信，而是临时或暂时性的，直到足够强的相反迹象（如果有这样一种迹象的话）显露出来。这些推定负载着证明的责任，并将其强加给那些不情愿承担这一责任的人。

推定的使用范围最初是在法律领域，但后来几乎用于所有理性运思的领域，因为推定是一种普遍适用的资源。由于它深深地根植于古典传统中的证据法学，中世纪经院哲学时期，它在辩论和争论的实践中争得一席之地。随后其范围扩大，在知识的哲学理论中也起着日益重要的作用。因此，在它所代表的领域中，律师、辩论家和哲学家都可以找到一些共同点。

本书的构思和写作基于以下信念，认识论中有一个相当有前景和潜力的领域，这个领域可以说是具有较低程度的认知保证（cognitive warrant）。虽然这是较“次级”的知识领域，但有很好的理由认为，这一领域对于充分的知识理论是不可或缺的。而且，正如本书要竭力弄清楚的那样，这一具有次一级材料的特殊情形可以被称为“推定”。但不幸的是，其认识论基点仍然很不稳固，笔者希望本书将有助于弥补这一缺憾。因为本书的研究试图表明，在理性探求和交往活动中，推定的过程在其中有着不可或缺的实际效用。推定之起源或许在于法律，但由于在信息管理理论和科学哲学中的作用，其前景无疑是有保证的。

本书共有十一章。第一章主要讲的是推定的历史渊源。第二章辅以推定及

---

① 译者注：此处直译当作“推定”（presume），即本书将要讨论的主题。但依中文习惯，很少在口语中这样表达，通常会以我“想”或者我“猜”表达同样的意思。

② 译者注：李文斯顿（David Livingstone，1813—1873）是19世纪的著名探险家，他第一个从西到东横跨非洲大陆，也是第一个发现维多利亚瀑布的白人。他毕生投身于反奴隶制度的斗争中。1865年他开始了一生中最后一次旅行，但次年音讯全无。1869年《纽约先驱报》特派记者史丹利（Sir Henry Morton Stanley，1841—1904）受报社委派前往非洲寻找李文斯顿，历尽艰险，史丹利终于在1871年找到弹尽粮绝的李文斯顿，见面的这句对白已成经典。

其证明责任（burden of proof）[1]。第三章和第四章探讨相当于策略的认知假定，在获取知识的过程中它们被认为是有效的：我们暂且接受的（有着实用理由的）务实策略，即退而求其次，以此推进我们的思维。第五章继续论证推定的实用理由，将其置于我们的不断选择之中——要么接受那些我们尚不确定的观点，要么接受承认失败的怀疑论。第六章是专门处理缺省推理（default reasoning）中的推定，第七章和第八章则探讨它在澄清言外之意时的作用。第九章讨论科学（如物理学）中的推定。第十章考察的是自然科学（如物理学）中的一个推定，即殊异信息（如在一个实验观察中得到的殊异信息）通常会推翻一个一般推定。第十一章关注的是我们未来规划中一种非常特殊的推定，在某些情况下它从那些依赖于其实是主观决定的东西（judgment calls）中消除了极为罕见的可能性。

推定这一主题下汇聚了一系列问题，它们共同表明，我们所做的努力中一些复杂的、强硬的其实是合情合理的。因为这些归根结底不仅仅是逻辑问题，而是更广泛的“经济的”努力，以我们的资源做尽可能有效的利用，进而满足我们提出的各种要求。

历史地看，笛卡儿认识论的研究倾向于关注确定的知识，形成了这样一个传统，即轻视甚至是忽视了对认知同意（epistemic endorsement）的暂时性和推测性的关注，而正是在这种认知同意的基础上我们在世界中的理论建树和行动才在总体上得以推进。

非常感谢伯里斯（Estelle Burris）在出版我的手稿的过程中提供的帮助。

尼古拉斯·雷谢尔

宾夕法尼亚州匹兹堡

2005年5月

① 译者注：burden of proof在法律语境中通常译为“举证责任”，强调“举”出非常确凿的事实证据，考虑到本书是在更广泛的意义上使用该术语，以及证明方式的多样性，本书一律译为“证明责任”。

目　　录

第一章　推定的法律根源

一、究竟什么是推定

就“推定”（presume）一词目前的相关意义而言，做出一个推定就是在缺乏进一步的相关信息的情况下接受某事物，而这些信息通常被认为是证实该事物所必需的。“推定”这一术语源自拉丁文 *praesumere*：接受了再说或想当然。① 自古以来，推定就出现在法律推理中了，摩登和时髦与它丝毫不沾边：它是本书中最古老的策略之一。

推定一开始就在法律文本中极为重要，现在仍是如此。在法律文本中，一旦其他相关事实被确定，推定就会要求审判者接受某个特定事实。法国《民法典》中“推定”的定义是“法律或法官从已知事实推测未知事实而得出的结果”②，法律推定提供了（至少是暂时提供了）一种方式以弥合在信息不完整的情况下而产生的缺陷。（这里，“无罪推定”提供了一个范例）

这种法律推定（*praesumptio juris*）是以有效事实开始的一种推论，除非按照法律规定，相关事实的有效性被拒斥。这种推定是一种填补空缺的资源：它只有在缺乏有关信息或证据的情况下才发挥作用，而一旦适当的有力证据出现它就功成身退了。对推定概念的一个权威解释是这样的：

> 通常意义上的一个推定就是一种推论。……就其仅仅是推论或论证而言，推定的主旨并不属于证据法，或者说根本就不属于法律，而是推理规则。但是，一个法律推定（legal presumption），或者说（有时被称作）有关法律的推定（presumption of law），与事实推定是不同的，它更为复杂。或许可以用斯蒂芬爵士（Sir James Stephen）的语言将其描述为“法庭或法官从特定事实或特定证据做出特定推论

---

① 这个术语还有一个不同的意义（与目前的讨论没什么关系），即“自诩有功劳和品德却没有做任何与之相称的事情”，这就类似那种傲慢的自我膨胀和自以为是。

② “*Cons'equences qui la loi ou le magistrat tire d'unfait connu a'unfait inconnu.*” Bk. III，pt. iii，sect，iii，art. 1349.

的法律规则，除非或者直到推论的真理性被驳倒”（这里的“真理性”换成“可靠性”可能更好）。[①]

因此，一个法律推定是一个与既定事实有关的推测，一个在被驳倒前仍依法律规定而有效的推测。

表 1-1 列出了一些法律推定的典型例子[②]，这些例子陈述的都是推定意义上的规定，作为附加限定，“没有相反情况的证据或迹象”无一例外地可以而且应该加到这种陈述上。这些陈述所详述的推定可以而且应该有效，除非相反的迹象出现。因为一个推定并不是一个事实，而只是事实的一种暂时性的估计。尽管它是可废止的（defeasible），但在事实上被证伪之前它仍是有效的：它仍保有其地位直到被破坏性的事态发展所取代。

表 1-1　一些法律推定

- 被指控的犯罪嫌疑人是无辜的。
- 婚后所生子女是为婚生子女，丈夫死后 11 个月内生的子女亦为婚生子女。
- 失踪 7 年或 7 年以上者即为死亡。
- 依法隆重庆祝的婚姻是有效的。
- 在一次普通的、结果未知的致命事故当中，受害人若更年轻健康，所坚持的时间会更长。
- 行为人是心智健全的。
- 人的蓄意行为想要让其行为的实际结果发生。
- 14 岁以下儿童不具有犯罪故意。
- 嫌疑人住处发现的犯罪物品为该嫌疑人所有。
- 一个人能了解他或她听力范围内表述清晰的主张。
- 超过 30 年的文献是真实的。

法律推定详述了这样一种推论，它是从某些缺乏更进一步信息的事实得出的。根据法律规定，它所表明的结论在被恰当地驳倒之前都是有效的，就像“无罪推定”的那种模式一样。相关法律推定在很多情况下都会被适当的相反证据驳倒。这种推定有时被称为出于无知的论证（an argument from ignorance），但这说法其实不太准确，毋宁说是处于无知的论证（an argument in ignorance）。因为无知并非推理的基础或前提，而是一个人为解决不得不解决的问题，而不得不“退求其次”以尽可能创造推理的最佳环境。但是，法律推定有时候是不可废止的，例如，一个成年行为人知悉法律（“对法律的无知不能成为借口”），又如，刑事犯罪中配偶一方不能作不利于另一方的证明。

① Sir Courtenay Ilbert, art. “Evidence,” *Encyclopaedia Britannica*, 11th ed., Vol. 10 (Cambridge, 1910), pp. 11-21 (see p. 15).

② 关于法律推定，一个更为详细的考察见于 Burr W. Jones, *The Law of Evidence, Civil and Criminal*, Vol. I, 5th ed. (San Francisco: Bancroft-Whitney, 1958).

推定是使案件做到令人信服的一个主要步骤。

很明显，推定有各种各样的理据。有些是先天的，是出于程序上的便利与适当（如某人是“无罪的，除非被证明有罪”）；有些是经验的，以证据支撑作为依据（如失踪超过 7 年的即为死亡）。不过，抛开其基础不谈，推定的作用效果大体是相同的。推定在每一个情形中都信誓旦旦地号称是真理，但其资格很可能被证明是含有水分的，就好像一个长跑选手未必最后能赢。对一个仅推定为真的命题的接受其实根本就不是接受，而只是对该命题的一种高度暂时性的、有条件的认知倾向，这种倾向离真正的承诺还差得很远。

推定本质上为实际真理的确切断言提供了一种暂时性的替代品。正如拉朗德（Lalande）在《哲学词典》中说的那样：“严格并且准确地说来，推定是对有待验证的事物的一种预期。”① 推定在认知领域中起尝试性的和暂时性的支配作用，它会被证据更充分的事物取代。② 一个推定就是一个假定的事实，尽管在具体情形中只是可能的或似真的，但仍然暂时被认为是真的——允许其有效，直至具体的、有根据的相反迹象出现。因而“在证明有罪之前是清白的”这一观念就成了推定的一个典型。

因此，尽管推定具有重要的证明权重（probative weight），但一般说来是可废止的。这就是说，如果被有足够权重的相反因素所推翻的话它就会遭到失败。在法律方面，这个问题是这样阐述的：

> 对于有效性的推定……一般说来，即使遭遇特定情况下的例外，它仍保持有效。它本身或许无法陈明所有相关因素，但就被告方须作出解释或避免责任而言，它说的够充分了；原告给出理由以说明为何被告应承担法律责任，进而要求被告提供理由以说明为什么在这种情况下推定不应被当做是绝对的。推定赋予论辩以结构，但不阻碍其进一步的发展。③

---

① André Lalande, *Vocabulaire de la philosophie* , 9th ed. (Paris: Presses Universitaires de France, 1962), s. v. “présomption”: “*La présomption est proprement et d'une manière plus precise une anticipation sur ce qui n'estpas prouve.* ”

② 当代哲学关于推定的资料并不多见。在我写《辩证法》（*Dialectics*, Albany: State University of NewYork Press, 1977）一书的时候，除了罗兰霍尔的“Presuming,” *Philosophical Quarterly*, 11 (1961): 10-22，比较近的文献就是 Edna Ullmann-Margalit, “On Presumption,” *Journal of Philosophy*, 80 (1983): 143-163. 近期最有用的著述是 Douglas N. Walton, *Argumentation: Schemes for Presumptive Reasoning* (Mahwah, N. J.: Lawrence Erlbaum, 1996)，不过该书忽略了时下最核心的主题——概率。我还得感谢邦克（Sigmund Bonk）送来他未出版的成果“Vom Vorurteil zum Vorausurteil.”

③ Richard A. Epstein, “Pleadings and Presumptions,” *University of Chicago Law Review*, 40 (1973—4): 556-582.

因而，推定的效力通常是试探性的和暂时的，而非绝对的和终极的。一个推定只在有待考察的相关问题得到澄清之前才有效，因而，一旦所有的事情确定下来，推定的真理是否实际上能站住脚就很明显了。①

潜在的可废止性这一概念是推定的关键。没有不可废止的推定——凡看上去不可废止的东西实际上只是些个规定或命令（stipulation or fiat）。诚然，某些法律原则有时候被称为“无可置疑的推定”（conclusive presumptions）（例如，一个不到7岁的儿童不能犯罪；又如，只有在无可置疑的情况下犯罪才能成立）。但这些不可废止的“推定”只是名义上如此，事实上，它们是无可置疑的法律准则（legal postulates）。严格地说，一个“不可辩驳的推定”是自相矛盾的概念。因而，这种“不具备资格”（ineligibility）的法律规定，比如：

> 妻子不能作不利于其丈夫的证词。

又如：

> 未成年人心智不成熟，不能参与表决和签署有效契约。

这些不是推定，而是准则和规定。与推定不同，它们不是可废止的，任何情况下都有效。一些法律学家把这种规定称为无可置疑或无可辩驳的推定，这毫无意义，因为它把那些性质和功能完全不同的东西混为一谈。

一个推定并不是要以实证的方式“给予”我们一些东西，而是因缺乏相反证据才被我们“取用”的。推定更类似盗用的赃物而非赠予的礼物。我们关于具体事物的知识并未对它的使用进行授权。它无疑可以使我们侥幸达成所愿。在法律文本中，威格莫尔（Wigmore）是这样阐述的：

> 如果他们（陪审团）发现（某人）失踪达七年杳无音信，而且

---

① C. S. 皮尔士以一种稍稍不同的方式为推定辩护，认为它对于维持理智与愚昧之间的分界线至关重要：

> 在有些人看来，每一种前见、每一个推定都是不公平的。不难知道这是怎样的一种想法，他们这些人从来不懂得怎样做出一个根据充分的归纳，他们认为别人的知识和他们自己的知识一样稀里糊涂。在他们看来，所有将推定（不是形式上的，而是那种真正意义的）卷入其中的科学在他们面前都不堪一击，因为他们无法想象人类的知识中有任何可靠的东西。就是这些人把时间和金钱浪费在永恒运动（perpetual motions）之类的毫无意义的东西上。（*Collected Papers*，Ⅵ，6. 423；compare Ⅱ，2. 77 6-7.）

皮尔士非常强调推定在科学证明中的作用，他举了很多例子，比如，就像在已知的时空中那样，自然律在未知时空中也起作用；又如，宇宙本质上与人的价值毫不相干，它按自己的方式运行，对于人的善良、公正与智慧没有表现出任何偏向。皮尔士看到推定的一个关键环节是以关于探究的经济性因素为核心的，即作为管理时间和金钱的有效工具。关于他这方面的思想可以参见拙作《皮尔士的科学哲学》：N. Rescher，*Peirce's Philosophy of Science*（Notre Dame，Ind.：University of Notre Dame Press，1978）.

> 找不到任何解释性的事实来说明，那么他们就可以依据法律条文将其死亡的事实视作确然，并据此对整件事情作出裁决。①

这就可以看出，“视作确然”是推定的关键。

因此，推定无疑不是知识：我们不知道实情如何，只是推定如此。作为一种有益的资源，虽然其地位与通过学习获取的知识全然不同，但它仍是一种负载信息且非常有用的资源，因为它可以弥合其他鸿沟。

据此，推定这一概念也和信息科学中的缺省立场（default position）概念密切相关。假设你面临多种选择：A_1，$A_2 \cdots A_n$，而你所采取的立场是，在无法清楚证明其他替代选择是否合适的情况下选择 A_1。于是这就通常被指定为这种多项选择的缺省立场。这实际上是相当于推定 A_1 的适当性，并维持这种适当性，除非及直至有明确的理由来做出改变。

不同推定会因其证明权重的不同而有所不同。一些法律推定的有效性只会被一个决定性的反驳推翻，正如刑事案件中的无罪推定要求这种反驳须“毋庸置疑”（beyond a reasonable doubt）。还有一些只是诉诸反映概率平衡的劝说责任（burden of persuasion）（例如，协议各方当事人心智健全）。于是这就有了较弱的推定和较强的推定。

初步证明的案件（a prima facie case）与证明责任这两个概念是密切联系在一起的。为某人的论点提出初步证明，也就是举出一些因素，其证据权重（evidential weight）使得在缺乏相反因素的情况下，“合理的推定”对他有利，而证明责任［方式是理直气壮地回答说：“有（相反）证据的话就继续吧”］立刻落到对方当事人身上。在认知推定中，争论的问题是一个辩证互动的社会过程，同时也是一种信息管理实践，它规定了社会认可的权利，而这种权利的恰当性由公共质询和交往中的现成做法的效力来证实。

其固有的可废止性意味着恰当的推定并不因偶然的失败而受影响。不过，关于一个推定，什么是可废止的，这不是什么普遍原则（例如，失踪达七年的人确乎死亡），而是其在具体情况下（失踪达七年的史密斯的确是死了）的运用。因此，就其成功运用而言，偶尔的失败对推定不构成威胁。在如下明确的保护条款之下它们很有保障：除非及直至出现相反的迹象。

---

① John Henry Wigmore, *The Principles of Judicial Proof: A Treatise on the Anglo-American System of Evidence in Trials at Common Law*, Vol. 10 (Boston: Little, Brown, 1904—1905; 3rd ed. 1940), sect. 2490. 关于推定和证明责任（burden of proof）的问题在这一法律推理的经典著作中有很多探讨。

二、作为程序资源的推定

推定本质上是程序性的指令。这可以由“缺乏有罪证明即无罪”这一推定来说明，而这一推定实际上是一个有条件的推论性的授权，其形式如下：

只要得到（先行的）前提 P，我们就有权在缺乏明确的相反迹象的情况下推出结论 G。

法律推定一般是基于规则的命令（mandates），它不仅仅是授权而且是某种要求。关于这一点，琼斯（B. W. Jones）是这样说的：

> 可以把推定定义为法律准则所要求的推论，它从已经建立的基本事实的存在得出另一事实的存在——它的确是一个事实推定，因为它是依据已确立的基本事实推定另一事实。在法律准则要求做出这一推定的意义上，它就是一个法律推定。①

不过，在其他情况下，推定的规则往往只是一种推论许可。不论是强制的还是授权的，相关实践本质上都会因语境的不同而不同，其操作限定在相关实践领域（诸如法律、交往、惯性探求等）的适当实践的范围内。在每一情况下，尊重这些推定是一个“游戏规则”问题，相关活动就是由游戏规则界定的。

推定性的推理一般都有非常明确的结构思路：

（1）一个普遍意义的推定原则；

（2）该原则统摄下的特定情形；

（3）一个明确的、具体的推定；

（4）确定不存在例外；

（5）某个具体的结论。

这个结构思路可以由下面的推理来说明：

（1）失踪达七年者即为死亡，这是一个有效的推定；

（2）约翰·史密斯已经失踪七年了；

（3）可以推定约翰·史密斯已死；

（4）没有理由推翻这一推定（比如通过隐瞒和欺诈的证据）；

（5）约翰·史密斯已死。

---

① Burr W. Jones, *The Law of Evidence, Civil and Criminal*, Vol. I, 5th ed. (San Francisco: Bancroft-Whitney, 1958).

这一结论当然并不是既成事实，而仅仅是出于一个有效的推定。

就像上面的解释所表明的那样，推定推理是这样一个过程，它从一个普遍原则的一般推定出发，通过特定的（原则上得到例示的）的情况，最终得到一个推定有效的事实结论。因此，没有推定的一般原则就不能有任何推定性的断言，而具体的推定必然是在这种一般原则的涵盖之下的。

一条推定的规则与一个相应的普遍概括形成了鲜明对照，比较（a）推定“一个人失踪达七年则为死亡”和（b）事实概括“失踪达七年者肯定是死了”。请注意，即使这个普遍概括不正确，这个推定也是有效的（法律上适当的）。推定无需普遍性（universality），推定的恰当性也无需统计上的一般性。因此，对比（a）推定“被告与此罪名是无关的，除非他被证明犯有此罪”和（b）普遍概括“除非其罪行能在法庭上被确认，否则被控犯有该罪行的人往往是无辜的”。实际情况很可能（其实是大概）是，大多数时候被指控的犯罪嫌疑人确实是犯罪了。不管怎么说，推定仍然是完全恰当的法律原则。推定的效力来自其适用范围内的功效，而不是其统计的准确性。

法律推定的存在是为了促进法律的职能或社会管理的利益。工具之有效在于其造福大众，它们无需直接反映经验事实的东西。无罪推定并不是基于被告通常是无罪的这一事实，失踪达七年的人在这一期限届满时立即死去这一推定也不是反映了一个可决定的事实①。推定自身有其生命力，与其作用的对象（目标）之间有确定的内在关联。

三、法律领域之外的推定

由于其在法庭上的作用，推定进入到辩论的领域，成为中世纪大学教学方法中的重要环节。辩论者通过恰当的论证（*agenti incumbit probatio*）② 以支持自己的主张，这是他义不容辞的责任，由此推定也成为学术争论理论的关键。在此基础上，我们就遇到表 1-2 列出的这种假设。推定技巧在辩论（disputation）中的这种运用与它在辩论训练中的作用发生了持续的共鸣，这种训

① 这些考虑对美国高等法院的观点提出了大量质疑，这种观点认为，一个推定是“一个关于尚未实际获知的事实之存在的推论，而这一事实乃是由与之存在普通联系的另一已知事实而导致的”（Jones，The Law of Evidence，p. 16）. 就法律推定的适当性而言，黑体部分应改为“法律要求的联系”。

② 译者注：这一拉丁文原意指“证明责任在于原告”，在辩论语境中意味着提出或发起论辩的人有责任首先为自己的论点做出说明或某种恰当的证明。

练至今仍在高校中流行①。

表 1-2 辩证的推定

- 新引入的观点需要证明；
- 所提供的证明（substantiation）是最好的、最似真的；
- 一个无可争议的观点被认为是真的；
- 由既定权威证实的命题是真的；
- 在辩论的语境中，论证更强的胜出。

有一个根本理念在这里特别重要，那就是一场辩论中用到的支持论证必须尽量达到最大似真性。因此，推定就是辩论者为支持他或她的论点而援引的依据，而这依据在该辩论者看来就是最强的论证。

有了辩论和辩证法作中介，推定就可以继续在更广泛、更深入的认知领域中发挥作用，包括交往理论、理性探求、科学研究方法论等。实际上，推定是认识论中最成功的概念之一，因为在很多检验语境下，一个有效的推定支持事物通常的、正常的及合乎常规的发展。因此，有了推定我们就可以正常处理以其他方式无法着手的事情。推定也为很多人际互动行为和活动创造了条件。一般而言，我们推定在我们与其他人交互地投入到某项事业——游戏、讨论、探索、合作或者任何类型的竞争冒险等——中去的时候，这些交互者也在孜孜以求，力图实现该事业的目标和理想。

除了法律和修辞，推定显著地在认知活动的许多其他领域占据重要位置。毕竟，一个人要把他所认为的事情干好，推定这一观念是不可或缺的。所以，如果像推定这种法律资源在其他地方找到用武之地，那也是很自然的而且可以予料的。最突出的包括：

（1）交往（推定人们说话算数）；

（2）探求（推定了一个需要追问的问题的有强烈证据支持的答案的正确性）；

（3）科学（推定同样适当的诸解释中最简单者是正确的）；

（4）哲学（推定哲学问题是易于处理的）。

后文将详细考察推定如何在这些不同领域中发挥作用。

然而，并非所有看起来似真的推定实际上也是如此。因此，卡策（Louis Katzer）认为，这是一种“正义推定”，即在问题的相关方面情况相同的人应

① 参见，如 Gerald H. Sanders, *Introduction to Contemporary Academic Debate*, 2nd ed. (Prospect Heights, Ill.: Waveland Press, 1983); F. H. Van Eeinemen, *Fundamentals of Argumentation Theory* (Mahwah, N. J.: Lawrence Erlbaum, 1996).

当一视同仁，这就是说，人们应该得到同样的待遇，除非及直至不同对待的理由已成立。① 不过，实际上这里的问题与其说是正义推定不如说是更广泛的合理程序原则，即“充足理由原则”。一般来说，如果（按假设）没有任何理由差别对待的话，有理性的人显然也不会这样去做。

一些人认为推定仅仅是一个行为导向装置。② 但是，这并不完全适合于这个问题。因为当一种实践活动的确与推定产生关联的时候，这也包括信息管理的实践，即认识或认知过程的实践。

推定在法律领域根深蒂固，这个主题可以在两个方向上展开：一个是社会和政治事务领域中公共话语的修辞方向；另一个是在探求和交往活动中的知识论。后者是本书的议题③。

---

①参见 Louis I. Katzner，“Presumptions of Reason and Presumptions of Justice,” *Journal of Philosophy*, 70（1973）：89-100.

②推定规则属于实践领域，而非理论领域，其要点在于能够使我们将事情处理得更圆满……使我们的行动更便利、更迅速。[Edna Ullman-Margalit，“On Presumption,” *Journal of Philosophy*, 80（1983）：143-163；see p. 147].

③前一方向在下面这本优秀且广博的著作中有讨论：Richard H. Gaskins，*Burdens of Proof in Modern Discourse*（New Haven：Yale University Press，1992）。该书提到我早期在《辩证法》一书中的一些研究，盖斯金注意到我那本书对证明责任的辩证法的处理并没有将其逻辑功能与文化的、社会的以及组织的因素联系起来，眼前我这本书同样也是这么处理的。

第二章　推定和证明责任

一、引言

推定与证明责任（*onus probandi*）息息相关。证明责任从根本上说也是一个法律概念。对抗式诉讼中，在做出中立的仲裁裁决前，一方试图建立某项指控，而另一方则极力反驳该指控，在这一情况下证明责任就能发挥作用。“*onus probandi*”这一短语源自古典罗马法，在罗马法中它为检验程序提供了一条基本原则，调整原告和被告之间论证时的工作分工，以明确整理证据时各自的任务。在罗马法系统中，没有什么东西在诉讼中被认为是确凿无疑的：作为提出指控的引发者，原告须首先陈述案情（*agenti incumbit probatio*），接下来是根据被告的抗辩讨论他的反诉案件，然后是原告的答辩，等等。责任加于民事案件中的原告和刑事案件中作为原告代理的政府，自始至终，“证明责任”在于主动作出陈词的一方，遵从“需要证据的是确认而不是否认的那一方”这一基本规则。[①]

证明责任的概念体现了检验过程的基本规律。说证明责任在于某一方那就是说要举出其案件所需的证明。这样，在刑法中，由于无罪推定，控方要使被告保持有罪就必须向法庭提交一项至少表面证据确凿的案子。这可以通过在缺少相反证据的情况下提供充足的信息以表明被告的罪名来实现。比如，在加利福尼亚州，血液酒精含量超过0.1%（如逮捕现场对司机所做的血液或呼气测试时所显示的）可视为醉酒驾车的初步证据。不过这样一个初步案件的发展可以被更多证据（如辩方表明醉酒者只是交通工具中的乘客而非驾驶员）推翻[②]。一个推定意味着，在缺乏确切的相反迹象时，我们要在当前案件中把事情作为律则接受下来，从而将证明责任推到对方身上，以表明这种接受并非是

---

① *Necessitas probandi incumbit ei qui dicit non ei qui negat.* 参阅 Sir Courtenay Peregrrine Ilbert, art. “Evidence,” *Encyclopedia Brintannica*, 11th ed., Vol. 10, pp. 11-21 (see p. 15).

② 关于相关法律问题的有益的阐述，可参阅 Richard A. Epstein, “Pleadings and Presumptions,” *University of Chicago Law Review*, 40 (1973/4): 556-582.

不恰当的。

英美法律程序的方方面面都是在围绕这一推定规则分配证明责任的。而苏格兰法裁决中的“证据不足”（not proven）为部分免责提供了一种说法，足以终止相关（无罪）推定，而无需充分建立该罪名的实际证据。[①]在日常生活中，我们一般推定真相在于论证有力的一方，它构建起强有力的代表性案件——即使依赖一些间接证据。不过这一情况并不能推广到刑法中。

证明责任和推定是两个相关概念，它们相互配合，密不可分，贯穿整个理性探讨的领域。它们其实就像一枚硬币的两面，掷出去要么是推定益处的一面，要么就是证明责任的一面。因为对于任何可废止的推定，都存在这样一个问题，即什么东西必然引起这种废止。在任何形成证明责任概念的认知条件中，完全的“博弈规则”仍是未充分界定的，除非对于要使用的推定我们能恰当地确定其范围的本质、程度和权重。实际上一个推定与一个证明责任（即进一步答复的责任）是相互协调的（或者更准确地说是刚好相反的）。对于那些否认推定在特定案例中的应用的人，推定的存在要求他们提供很好的理由以说明他们为什么在将发生的情况中这样做。

二、证明责任和回应责任

推定与证明责任这一概念密不可分，它是一个基本的辩证法概念，从古典时代到黑格尔乃至以后[②]，一直如此。作为一种辩证的资源，推定指出了两类颇为不同的事情。对此，一位权威人士如此描述：

> 在现代法律中，“证明责任”这一短语有两种意谓：确定作为案件基础的相关主张的责任，在案件开始或后续阶段的任意特定时刻提供证据的责任；究竟指哪一种常常被弄混。前一种意义的责任通常在原告或起诉人，后一种意义上的责任与特定时间点的证据同进退，它可能随着案件的发展从一方转移到另一方。一般的规则是，谁主张谁举证，无论所宣称的是用肯定语解释还是用否定语解释。[③]

因此，关于“证明责任”就有两个尽管相关但截然不同的概念：

---

① 与本章之旨趣有关的这些问题和很多其他问题，在那本关于法律推理的经典之作中都有论及，即 John Henry Wigmore, *The Principles of Judicial Proof*（Boston：Little，Brown，1913；with numerous later editions）.

② 关于这个方面可参阅拙作《辩证法》（Albany：State University of New YorkPress，1977）.

③ Ilbert，“Evidence，”p. 15.

（1）原始主张的检验责任：证明责任的开始。基本规则是："在一个辩证情景中，首先就论点做出断言的一方有责任在论证中支持该断言。"就像中世纪骑士在比武中胜出那样，一个论点要胜出就必须准备好坚守立场直面各种反对的挑战，而"证明责任在于原告"（agenti incumbit probatio）这一责任贯穿始终。

无论我们是处理法律事务还是认知事务，唯一合理的就是，那些想改变现状并打破事物现有惯常程序的人应该担起责任，提出充分的理由解释他们为什么这么做。

（2）面对相反因素做进一步回应的辩证责任。但凡举出重要的证据，这一论辩就可以被视为暂时有效，直到随后作出充分的回应来反对它。因此，反对任何观点——无论是它一个断言还是一个否认——都有责任作出进一步的回应（burden of further reply）。这有时被称为"与证据（或反证）俱进的责任"，随着辩论的辩证地进行，它可能从一方转移到另一方。

前一种模式（即初始责任，initiating burden）是静态的，它自始至终都在于发起的一方；后一种辩证的责任（dialectical burden）涉及的是这样一种思想：随着争论过程的进行，一个适当的、重要的证据能够使责任在一方和另一方之间转移。这第二种类型的责任至关重要，通过超越辩论发展的特定阶段带动整个讨论向前发展，它体现了以一种有意义的方式推进辩论（advancing the argument）的必要性，由此，它实现了辩论过程中的一个重要职能。

理性辩证法的一个关键推定是，真理更多地在于拥有一个真正有力的论据的一方。所以，每当适当的、重要的抗辩被引入争论时，提供说明的责任就转移到另一方。在这方面，推定就像是一个羽毛球，在双方的理性探讨之间、在论题和反驳之间，以及在否认和再认的修辞辩证法之间往复运动。这里的关键思想是，举证的力量要"充分"，足以反转证明责任，将证明的责任从一方转移到另一方：

> 推定就是要把一个初步的意义或作用归于某些事实或某组事实，从而在法律程序上将提交所需证据的责任推到它所反对的那一方。因此，推定与证明责任这两个主题是密切联系在一起的，同样的法律规定可能会以不同的形式来表达，不是将推定的优势归于一方，就是将证明责任归于另一方。①

与这一思想相一致，证明责任始终在一开始就对论点作出断言的一方，这就导致以下观点，即对于任何既定的论点总会有与之相反对的推定。不过当

① Epstein, "Pleadings," pp. 556-582.

然，如果在理性辩论的辩证法中引入证据终究是可能的，那这种情况必须有所限定。显然，如果证明责任可以反对每一论点，如果任何论点都自动存在其错误的推定，那么原则上，永远也无法形成一个有说服力的案件。每一个实质性论点都需要证据支持，而方式就是通过引入更具实质性的论点，但这一规则不能合理地无限使用。

三、责任的权重

从另一个角度来看，“证明充分性”这一概念马上就会导致“证明责任的权重”或“推定的力度”（*strength* of presumption）。比如，英国法律对刑事和民事案件采取不同的证据标准。在刑事案件中，罪行的确立必须“毋庸置疑”（beyond reasonable doubt）；在民法中，只要概率总体上表明被告的罪行就足够了。两条标准都是灵活变通的，在刑事案件中，“依据可能遭受的处罚，合理怀疑的东西在实际操作中应该有所不同”①。而且，“欺诈案件的证据标准（程度）是概率优势的民事标准，但什么是‘可能的’取决于被指控的恶行，‘它与犯罪的严重程度相一致，所以证据应该是明确的’”②。一般来说，在法律上（当然也存在争论），证据如何能实现证明责任的转移，这取决于所涉及的论点的内在严格性。因为单纯的证据一般来说是非结论性的，以此为基础一般也不会直接建立真理，而只是提供了一个日益强大的推定。在理性审议中，只有推定——而不一定非得是证明——是依赖于最强的一方的。

实际上，可废止的推定与证明责任（即“进一步回应的责任”的另一种说法）是正相反对的，只要有确立 P 如此这般的证明责任，那就相应地有非 P 有效的可废止性推定，除非证明责任最终消除。阿克毕晓普·沃特里（Archbishop Whately）在他关于修辞学的经典著作中这样阐述两者的关系：

> 根据目前的大多数用法，一个推定支持任何假设意味着，不是（正如有时被错误地设想的那样）概率上的优势对它有利，而是这种对基础的关注就意味着，在有充分的反对理由之前，它必须是有效

① Epstein. “Pleadings,” pp. 558-560.

② Sidney L. Phipson, The Law of Evidence (London: Stevens and Haynes, 1892; 11th ed., 1970), p. 230.

的。概言之，证明责任在持异议的一方。①

正是在此意义上，（譬如）支持被告的“无罪推定”与为其定罪的证明责任是相互关联的。

不管什么样的推定，它都会暂时保持安全可靠，直到那些试图废除它的人所负有的证明责任被有效地解除。这样一来，依据废除它的困难程度，也就是说，依据试图废除它的人所负有的证明责任的轻重，推定在强度上是有区别的。由于责任有重有轻，与之相联系的推定也有强有弱，所以在英国和美国的法律中，合理性推定和无罪推定比较强，要反驳它们需要有效的、结论性的证据，而心智健全的推定（表 1-1 中的第六条推定）就比较弱。②

四、认知理性与证明责任

从理性推论的领域中来考虑的话，不能过于强调证明责任不是一个严格的逻辑概念。逻辑本身并不处理与证明责任（probative obligations）有关的问题，甚至也不处理命题的（绝对）真理状态或推定真理状态问题。毕竟逻辑关心的不是实质性的和绝对的真理，而完全是假设模式中进行的真理［如果确定一些论点（可以被推定）是真的，那么另一些必定也（可以被推定）是真的］。因此，证明责任与其说是一个逻辑概念，倒不如说是一个方法论概念，它与推理是否有效无关，而与辩证条件下的检验性论证有关。证明责任这一概念的作用体现了引导论证时理性的程序或调节原则：在某种程度上是理性辩论过程中的基本原则——它是整个事情的基本条件。

每一论点都需要通过进一步引入确证的论点来获得证据支持，尽管这一规则不能无穷后退地起作用，但这并不意味着必须得有一些确实无疑的论点，这些论点本身是无可争议的、完全确定的和无可辩驳的。

在认知方面持这种观点会造成对检验性条件的误读。那就是经受不住基础主义的认识论学说的诱惑，这种学说强调我们需要绝对确定的、不可废止且清晰的真理，这种真理至关重要，它完全没有任何失效的可能。但这种东西是完全没有必要的，当我们接受一个论点是推定的为真，我们就是承认其检验状态

① Richard Whately, *Elements of Rhetoric* (London and Oxford: John Murry and J. F. Parker, 1827), Pt. 1, Ch. Ⅲ, Sect. 2. A reprint edited by Douglas Ehninger was issued in Carbondale by the University of Illinois Press in 1963. 关于沃特里的立场的现代讨论可参见 J. Michael Sproule, “The Psychological Burden of Proof: On the Evolutionary Development of Richard Whately's Theory of Presumption,” *Communicative Monographs*, 43 (1976): 115-29. 沃特里关于这一主题的经典讨论仍然是对推定的最具启发性的处理之一。

② 关于这个问题参见 *Durhamv. United States*, 241f2d 862 (D. C. Circuit 1954), pp. 741-49.

肯定是临时的和暂时的，这里就没有必要求助于“确切无疑的”论点，尽管这种论点本质上是无可争议的、确实的和无可辩驳的。[①]

寻求这样一种自明的或议定的论点——其本身不可侵犯，同时又对世界本质作出实质性承诺——体现了现代哲学中那种宏大的堂吉诃德式的追求。[②]这里对哲学家们的知识论的使用，与我们处理日常生活事务的方式是差不多的。因为对那种初步接受的（比如，除非证明有罪，否则无罪）予料[③]（*data*）范畴的认知探求与对绝对确定或完全自明的论点的追求是全然不同的，后者是笛卡儿、布伦塔诺乃至齐硕姆以来的主流认识论传统的特征。

但这种东西的确没有必要，辩论的辩证法的证明上的要求确实不需要任何种类的不可辩驳的主张。我们所需要的只是一些观点，或者更确切地说，是推定其为真将更有利的那种观点——证明责任在于试图反驳这类论点的人那一方。尽管这种论点有漏洞，但是一旦被引入并获得支持，那么它就是一个暂时的推定真理，直到被废止。因此，关键之处就在于要有这样一些现成可用的论点，它们本质上配得上“有条件的益处”（benefit of doubt），能够暂时成立，也就是说，直到以某种方式破坏它。总之，不管多么容易被拒斥，它们总具有一种对它们有利的、推定的可接受性。在这个领域中，“决定性的”（或“确凿的”）证据与“初步的”证据之间存在显著差别——只有在没有被相反因素挫败或推翻的情况下，前者才能从后者当中产生出来。[④] 虽然这种非结论性的证据所产生的推定具有重要的检验权重，但一般来说总是可废止的，也就是说，由于足够重要的相反因素，它们常遭受挫败并被推翻。有人在法律层面上对此加以阐述：

> 即使在特定案件中碰到例外，这样一个推定的有效性也能总体上保持其效力。它本身可能没有陈明所有相关因素，但对于被控当事人

---

① 我们日常生活中进行思维、交流和论证的过程在多大程度上服从于业已确立的推定和接受的概率，从严格经验层面看，很难夸大其词。这一领域才刚刚开始接受社会学的考察［参见，如 Harold Garfinkel, *Studies in Ethnomethodology* (Englewood Cliffs, N. J.: Prentice Hall, 1967).］这一领域的先锋之作是 Alfred Schutz, *Der sinnhafteAufbau der sozialen Welt* (Wien: J. Springer, 1932).

② 怀疑论者以一种如此夸张的方式坚持知识的确定性，在实践中根本做不到，这里没有讨论这个问题的余地，相关问题在拙作《怀疑主义》中有详细探讨：Rescher, *Scepticism* (Oxford: Blackwell, 1980).

③ 译者注：本书中予料指所予之材料，即所有认识由以开始的原始材料或信息，是我们形成关于世界的知识所不可或缺的、最低限度的前提。

④ 虽然概率在某些情况下能够作为推定的向导，但在这一点上的确会带来问题。我们不可能在这里就此展开讨论，但请读者参阅拙作《似真推理》一书中的讨论：Rescher, *Plausible Reasoning* (Assen: Van Gorcum, 1976)。关于概率的推定作用在法律方面的体现可参阅 Epstein, “Pleadings,” pp. 580-582.

为免责而应当解释或否认的控诉，它已经足够了；原告给出理由以说明被告为什么应当承担法律责任，继而要求被告提供理由说明案件中的推定为什么不能是绝对的。推定赋予辩论以结构但不阻挠其深入发展。①

证明责任在于哪一方，以及何时进行必要的再确定，推定概念在理性辩论的结构中扮演着极其重要的认知角色。很明显，必须有某类主张至少是暂时毫无争议地进入到辩论的结构中来，因为如果所有的事情都是不确定的，那么探究的过程压根儿就不会有什么进展。这样一类主张就可以（但不必）构成稳固的范畴。以某一情境为基础，它可以被严格的局部性（而非整体性）所有基本规则确定下来，所以，在某些情况下起推定作用的论题在其他情况下未必如此。最重要的是，推定不是无可争议的。要接受这样一种论题就要承认其检验状态是完全暂时的和临时的，人们没有对它说："别人都受我们的质疑，唯独你是自由的。"

一个合理的推定原则上就是一个有很好证据支持的推定：如果它看起来像一只鸭子，还发出鸭子那样的嘎嘎声，而且走起路来像鸭子一样摇摆，那就可以合理地推定它就是一只鸭子。另外，还可以通过以下方式使一个推定合理，即遵从已确立的实践或一般规则所认为的事情。这与证据或证明无关，而是通过已确立的检验实践而奠定的权威。（诚然，很多合理的推定都与这样一种推定没什么关系。如果你操作一个从未见过的枪支器械，那么由于这支枪可能装满子弹这一合理假设，小心操作是明智的。然而这里面没有起作用的推定，至少在多数情况下，枪支装满子弹这不是一个一般规律。）

推定如何区别于预设？预设是陈述之间的逻辑概念关系：当一个论点或主张只有在另一论点或主张成立的情况下才有意义，那么我们就说前者预设了后者（说某人赛跑输了，那就是预设了该个体确实参加了比赛，而不仅是说他是众多未赢得比赛的输家之一）。相比之下，推定不属于语言本身，而属于语言使用者的使用方法。它属于语用学的序列——就像说谎或欺骗这样的语言实践。推定是使用方法这一部分的，它属于语言运用而不是语言。"知道""相信""猜测"及"推定"这些都是认知动词，将人与事实或提供证据的事实连接起来。它不是将这些事实互相连接，而描绘的是一个探求者与一个推定之间关系的本质。

一个论点变成一个推定无非是我们推定它如此。当然，这里面涉及的事实

① Epstein, "Pleadings," pp. 558-559.

（如长期失踪的人的生死）是真是假（无论真假）是独立于我们的。不过，是一个推定这种状态（和下面这些状态是一样的，如是一个假定、是一个信念、是一个遗憾等），是我们在做与这一（声称的）事实有关的事情的时候产生的。在一个没有心智的世界里，可能只有一堆各种各样的事实，但没有任何假设、假定或预设，就此而言，同样也没有推定。

一个推定合理的信念，其正当的合法性在于以下事实：在没有现成合理的相反迹象反对它时，适当的、赞同的迹象一般说来都会为其辩护。经认真观察，我产生了猫在垫子上的印象（impression），我可以很恰当地把"有一只猫在垫子上"这一观点的依据不归于某些预定前提，而仅归于我的经验——我的视觉印象。值得注意的是，在这个例子中，恰恰没有很好的理由，使得某人可以毫无保留地把这种以视觉为基础的信念视为真诚的。（如果有这样一种证据，比如，如果我知道自己在一个蜡像馆或者一个魔术师的工作室里，那么，情况当然就会有所不同。）

信念的推定性的辩护（the presumptive justification）与推论性的辩护（discursive justification）不同，它无需对在先的正当理由作证据上的考察，而直截了当地凭借推定的力量就可以。如果存在一个支持它的有效的推定，同时没有充分的特殊理由阻碍我们接受它，那么这个信念就可以以这样的方式得到辩护。既然没有人对其说三道四，那么这种信念就是恰当的，也是受到合理辩护的。这么说来，推定和"除非证明有罪，否则无罪"在认知上就是类似的。

五、推定和怀疑论

当然，可废止的推定这一概念会遭到各种各样的反对："怎么可以说主张或接受一个命题但仅仅将其当做一个推定而非真理？如果一个人终究以某种方式断言（接受/主张）一个命题，难道他并没有因此而断言（接受/主张）该命题为真吗?"这里的回答是直截了当地否认，因为接受有很多种模式。要坚持说 P 是一个推定，一个潜在的或推定的事实推定，那就相当于坚持说 P 是可能的，或者说是很可能的，或者说是似真的。不管怎样这些观点都不等于说该命题直接就是真的。把一个命题说成是可能的或很可能的，这样做所承诺的只是说它可能是真的或很可能是真的。同样，断言 P 是一个推定，那只不过是说 P 是潜在的或推定的为真，或者说它是一个候选真理（truth-candidate）——但不是说 P 实际上是真的，它就是真理。接受不是一个从"不确定"到"确定"的单向度的过程。接受不仅有程度的区别还有类型的区别，而推定表现为这样一种类型：它是自成一类的，而不单单是“接受为确然”的一种弱化版本。

但是，推定概念其实并没有不加辨别地敞开胸怀，不是所有的东西都够格成为一个推定：它含有一些检验性信息。一个推定并不简单是“可能为真”或“就我全部所知而言为真”，把一个命题归为一个推定就是要对它采取确定的和负责的（committal）立场，这样就可以说“既然接受其为真不会造成什么麻烦，那我何乐不为”。

宣称的真理（alleged truth）和推定的真理之间因此就有一个关键的区别。因为“宣称”与其说是认识论范畴不如说是修辞范畴：讨论中每一个占优的观点都是宣称的为真，即声称是真的。但推定，即有根有据的推定，是一个认识论范畴：一种堪称系统的论点只有在某些特殊情境下才能被暂时地接受为真理，“直到有进一步的变更”①。

因此，在所有运用“证明责任”这一概念的各种情境中，推定真理必定扮演关键角色。在理性辩论的结构中，认识论的一个重要任务是由推定的原理来完成的。在辩论的框架中，显然存在这样一类主张，它们至少可以暂时地被接受，因为如果质疑所有的东西，那探究的过程就根本无以为继。

如果合理地得到辩护的信念必须始终建立在已经预先合理地得到辩护的输入的基础上，那么就会产生一种破坏性的结果，也无法避免怀疑论。如果真是这样，就无法着手对我们已有信念进行合理的确证。显然，我们在这里陷入了一个倒退，要么不断破坏，要么恶性循环。正如怀疑论者始终坚持的那样——信念的合理辩护原则上变得不可能。

但是，这一特殊的怀疑论攻击是建立在错误的基础上的，因为一个信念的合理辩护不必依赖预先受辩护的输入。“推论性的辩护”和“推定性的辩护”这一重要区分在这里变得至关重要，这正是怀疑论者图省事而忽略的。

如果一个信念的基础在证据上依赖于另一个预先确立的信念，也就是说这个信念有特定的支持性证据的支撑，那么这个信念就会得到推论性的辩护。一个信念的推论性的辩护在于，存在现成可用的、预先受辩护的信念来证明它。按照信息处理的术语，这种推论性的辩护并不是创新，而只不过是一种转化，就像生产过程那样：必定有得到辩护的信念作为输入，以达到作为输出的得到辩护的信念。（如果是这样的话我们将会身陷囹圄，因为这样的辩护过程会陷入无穷倒退的深渊）不过，推论性的辩护并非唯一的，我们还有推定性的辩护。

---

① 关于推定在哲学知识论中的重要作用，详细可参阅拙作《方法论的实用主义》：Rescher, *Methodological Pragmatism*（Oxford：Basil Blackwell，1976）.

对于要使用的推定，除非恰当地确定其范围的本质、程度和权重，否则在任何有推定和证明责任概念的辩证的情形中，完全的“博弈规则”仍是未充分界定的。证明责任和推定表现为相互关联的概念，在理性辩证的语境中，它们总是必然地相互协作，因为诉诸推定提供了免除证明责任的必要方式——至少是暂时性的。

在推定上得到辩护的信念足以为理性的运思过程提供原材料。在没有现成的相反迹象的情况下，它们所代表的观点对于我们而言是可接受的，“直到有更进一步的消息”，这就允许我们在没有现成可靠材料帮助的情况下使认知辩护的冒险开始迈步。它们是可错的、容易被推翻的，但只能被其他更稳妥的东西、某些其他已有的相反对的因素推翻。它们有资格沾沾自喜直到被更优秀者取代。如果任意以及每一理性运思过程所需要的输入本身又必须以现在的理性运思过程来验证，那么，这种情况下整个事情都不可能有任何进展，由此而产生的后果是可怕的，但推定性的辩护的动力能够改变这一结果。

现实情况是，如果不从特定初始推定开始的话，我们将不可能从事认知活动——追问关于世界的信息。这就让我们不禁想起康德的“唯一条件”（conditions under which alone）——没有这一必要条件的话，寻找与世界相关的问题的答案的活动将不可能成功开始。比如，就感觉而言，我们推定，仅表象（予料）就提供了事物实际情形如何的一种指示（不论这一指示最终被证明有多么不完美）。我们能够使用我们关于世界的经验的产物以形成至少在某种程度上比较可靠的关于世界的观点，这对于事实探究领域中的认知活动而言是一个不可或缺的预设。如果我们总是普遍地、系统地拒绝将似然证据（seeming evidence）接受为实然证据（real evidence）——哪怕是暂时的，直到其本身不足为信，那么我们的信息认知将一无所获。如果一个怀疑论者相当极端地拒绝任何以及所有推定，那么在围绕世界的经验事实展开探究的标准框架内，他就自动断绝了与之进行理论的任何可能。在界定证明的合理性的机制中，推定的过程是不可或缺的一部分，抛弃它无异于从一开始就放弃了整个活动。

证明责任所具有的推动力促进了稳定性和持续性。但它具有这种推动力并不是因为这样一些基础性的观念，即认为与其他可能性相比，目前所处现状始终是或者通常是最佳的和最优的。毋宁说，它具有这种推动力是基于相当不同的因素。首先，始终存在不同的选择：我们所处的位置是既定的，而后续移动的方向总是存在各种不同。为了继续前进，我们必须沿着这些方向中的某一个来进行：我们不可能纵身上马然后同时向各个方向驰骋。除非确定有一个特定方向比其他的更好，否则就没有继续前进的方向或动力。为了证明现状的改变是合理的，我们需要一个令人信服的理据，以表明某个特定的选择比安于现状更好。正是这样一种情况而不是某种推定的优势，从证明责任的角度赋予了现状以某种优势。这就再次成了理性经济过程的问题。在改变现状方面过度努力，直到这一步骤从成本效益因素的角度获得某种根据，这是毫无意义的。自毕晓普·惠特利（Bishop Whateley）的《修辞原理》（*Elements of Rhetoric*，1827）出版后，近来很多人已经对包含证明责任因素的那种貌似保守的倾向表示了怀疑。但对这种倾向的厌弃并未使人们认识到，这里根本性的问题不是观念论的保守主义而仅仅是实践理性问题。

第三章　认知推定与真理

一、认知原理

推定要达到两个预定目标：一方面是纯粹的认知推定，是为了解决我们的问题，填补信息缺失而做出的（如涉及来源可靠性的推定）；另一方面是实践推定，是为了引导我们行为的决断而做出的（如为便于结案的法律推定，认定长期失踪者已经死亡才能处理他的遗产）。不过，目前关注的核心是推定的认知因素，并且将推定作为关于最重要的事实真相的（推定性）信息的一种来源。

一个认知推定一定要超越实际拥有的信息的意义；它是在适当认同的情况下将完全没有相反迹象的命题接受为真命题。这是一种缺省立场，在缺乏更佳答案时，为我们所面对的某些问题提供一种答案，并维护其地位，直到某个特定时刻某物的出现使这种得到认同的立场被废弃。这样，认知推定的作用方式就好像理性经济手段。有了认知推定我们就不必等到万事俱备（这种情况其实闻所未闻）才对我们的问题给出答案。

对我们自己经验的判决，比如，“我们感觉的证据”，通常就为此类推定做了预备。诚然，20 世纪末整整一代认识论者转而反对“经验所予”（the experientially given）的观念。他们认为在这一语境下“经验所予”意即“作为绝对真理的所予”，继而推出结论：事实确定性之不可得意味着根本就不存在经验上的所予。不过，如果人们知道除了“真的”所予，还有“似真的”和“推定的”所予的话，情况当然就大为改观了。一旦迈出这一步，“感觉经验与知识的认识论关联”这一问题就有了相当不同的方面。现在来考虑一个主要问题：我觉得我看见一只猫正在一个垫子上这一事实，也就是我具有“看见一只猫正在垫子上”这样一个经验，是否就有资格或权利使我采纳以下信念，即实际上那儿确有一只猫在垫子上？这个问题一提出马上又回到如下基本问题上：信念授权（belief entitlement）在这一语境中究竟涉及什么？它是否要求受保证的正确性要超越任何错误的可能——不论这错误多么牵强和细微？显然，答案毫无疑问是否定的！推定毕竟不是确凿的真理。一个推定所宣称的真可能最终无法实现，因为推定是可废止的，并且最终可能不得不废止。我们和推定只能共安乐而不能共患难：事情变得足够糟糕的时候我们会无所顾忌地抛弃它们。对于一个推定性的断言，授权和辩护不过是一种理性的保证，保证其实现在上述语境中是有意义的：毋宁说它是一种合理性的建议而非绝对的证据。毕竟，根本问题不必也不应该是“主观经验是否可靠地保证了其相应的客观部分”而是“它是否恰当地标示了其客观部分”。而“经验地所予”这一观念必须依照“确立”（establishing）和“推定化”（presumptifying）（创造了一个奇怪但有用的新词）之间的区分来解释。

关于感觉经验与我们的知识之间的认知关系，这些研究原则上的观点可以列举如下：

（1）确有经验所予。但这些“所予”实际上是“所取”（taken）。它们不是推理的产物（所以才是“所予”的）而是认知赞同策略或实践（所以是“所取”）的产物。

（2）最关键地，这些经验所予不是“千真万确不可错的所予”而仅仅是似真的。重要的不是某种明确被证明的东西而仅仅是某些推定的东西。

（3）在那些无异议的情况下，即是说，只要没有具体的相反迹象，从似真性推进至理性确证的认同是自动的。

（4）尽管这种方式的进路并未给出绝对的保证或者不可错的确实性，但这种东西对于信念的理性确证（或“认知辩护”）并非必须。

（5）在此基础上，主观经验能够而且确乎确证了我们关于客观的事实知识的主张。但是跨越主客观区分的、有争议的步骤的确只有一个，即实践。这一实践或策略通常通过经验立刻得到确证，并通过一个复杂的过程得以建立，在这一过程中理性选择和自然选择进入到当下操作中来。①

由于推定在认知领域中的重要认识功能，详细考察其中的问题就成为一件颇有意义的工作。

推定和假定（assumption）不同，更别说预设（presupposition）。诚然，推

① 这里所概述的认识论纲领结合了我在很多著作中详细讨论的观念，这些著作有：*The Coherence Theory of Truth*（Oxford：Oxford University Press，1973），*Plausible Reasoning*（Assen：Van Gorcum，1976），*Methodological Pragmatism*（Oxford：Basil Blackwell，1977），*Scepticism*（Oxford：Blackwell，1980），*Human Knowledge in Idealistic Perspective*（Princeton：Princeton University Press，1991），*A UsefulInheritance*（Pittsburgh：University of Pittsburgh Press，1994）.

定什么其实就是在假定或假设它是如此：一个推定是一个假定或假设（supposition）。但反过来就未必了，并非任何假定或假设都是推定。我们可以出于讨论、论证或研究的缘故而假定某物如此这般，但这仅仅是一个假说（hypothesis），而推定是我们实际接受的东西。

单纯的假说与推定之间的主要区别在于"如果"（if）和"既然"（since）之间的不同。人们对于假说的态度是非承诺性的和试验性的：我们采纳假说只是要看看果真如此的话会发生什么。但我们对于推定的态度是承诺性的——即使只是暂时地承诺。我们接受推定直到有阻碍的障碍产生（如果有的话）。

这一点莱布尼茨很早就已经强调过，他写道：

> 所谓推定，并非单纯的假设所能比拟的，因为假设只有被证明后才能被普遍承认，而凡是通过推定确定下来的东西必须被当做是真的，除非被驳倒……（推定）具有将证明责任转嫁到对方的力量，从而让别人承担证明的责任。①

当然，讲的所有这些并不是说，包含感觉经验和其他信息资源的证明责任的这一似真的路线，是解释这种证据的唯一可能的途径。但显然它是一种使这种证据可信性更趋合理的、有效且高效的方式，并且提供了一条简明高效的推进方式。

在任意情况的理性运思或商讨中，基本的证明责任似乎总不会落在提出需认可的观点的一方，不过当然，他所提出的观点对他来说必须得是有可能去证实的。支持性因素的排序必须是原则上可行的：并不是所有的东西从一开始就能被当成是在这方面无法指靠的东西而丧失资格。所有的理性商讨和运思都预设了因素的交换，在这样一种情况下，便不会从一开始就通过彻底否定所有以及任何观点的证明说服力而放弃整个过程。

因此，我们必须承认，总有一些因素是可以算数的，至少能提供暂时的证明。因此，必须要有业已确立的基本规则，将特定类型的论点视为有证据权重的。只有建立起与履行证明责任有关的规则才能有意义地谈论这些责任。在理性辩论中，一些客观的、确定的共同基础肯定是存在的，它决定了什么东西可以被当做是接受为真的证据。而就此而言，推定的原则才有用武之地。

推定在认知问题中之所以重要，其原因很简单。作为人类我们必须面对生活，通过信念引导我们的创造者，我们这些智慧生物有困惑，需要寻找答案。

① Leibniz to M. Jacquelot, 20 November 1702. In C. I. Gerhard (ed.), *Die philosophischen Schriften von G. W. Leibniz*, Vol. 3 (Berlin: Weidmann, 1887), p. 444.

但在这种生活中我们很少有绝对的把握。17 世纪科学的真理性在哪儿？公元 3000 年的时候我们的科学的真理性又在哪儿？如果推定这种东西没有被放到我们的认知资源中，那所有这些都只能是空中楼阁。这是肯定的！

二、认知推定的若干方面

自后期斯多亚派和学园派怀疑论至 21 世纪初的英国唯心论者，哲学认识论中延续的一个传统是，坚持以推定之真理取代记忆与感觉之判定（虽然并不总是这样明确表达，但实际上确实如此）。基于观察或回忆的论点将享有怀疑之利，推定的真理受到青睐——除非明显的相反迹象将至，否则它们会一直有效。而且，我们广泛地使用很多其他认知推定，其中一些最重要的罗列如表 3-1 所示。

表 3-1　认知推定的一些规则

- 要相信自己感官的证据；
- 要接受其他人声明的表面价值；
- 要接受感觉和记忆这种常规信息源的确定性；
- 要接受在其专业领域内获公认的专家和权威人士的声明；
- 要信任使用规范的认知手段和工具（望远镜、计算机、工具书指南、对数表等）的可靠性；
- 对于你的问题，要接受现有证据最强的答案。

注：以上认知推定自始至终都有一个限制条款：没有明确的相反迹象。

来看一个例子。反对来自感觉和记忆的断言就自动使我们肩负起真理的纯粹性，我们可以发掘所有怀疑论的传统论证。特别是我们面前摆着笛卡儿的训诫："直到现在，凡是我当做最真实、最可靠而接受过来的东西，我都是从感官或通过感官得来的。不过，我有时觉得这些感官是骗人的；为了小心谨慎起见，对于已经骗过我们的东西就绝不完全加以信任。"① 但是，所有对感觉予料的可能性的这种怀疑性的拒斥，最后只能是反复强调其作为推定的作用——在推定意义上暂时可接受的真之断言，而非彻底的真。②它们代表的是能够暂时接受为真的诸论点，"直到有更进一步的消息"，直到扫清接受的路径，在这其中，留待考察的关键问题获得澄清，即万事俱备之后推定的真理是否实际上能站住脚。

认知推定的另一个重要例子来自我们能够合理地视为可靠的资源，正是由

① René Descartes, *Meditations on First Philosophy*, No. I (tr. by R. M. Eaton).

② 一个可废止的推定，与其废止相关的（就具体的事实性推定而言）是其在具体案例中被否证而被颠覆，而不是推定规则本身有什么不同。当然，这种一般规则或原则（如一个可靠资源的推定的真实性）也可能是无效的（说错误有点不太恰当）。［相关问题的更多讨论参见拙作 *Methodological Pragmatism* (Oxford: Basil Blackwell, 1976).］

此而产生了我们同样能够合理接受的信息。在专业和权威领域这种情况的发生尤为突出。在把别人当成某特定领域的专家或权威的时候，我们推定这些人“知道他们在谈论什么”。这一推定使我们认为当这些人陈述一个其专业领域的观点时，可以合理地视其为真。接受专家和权威资源的可信性这一推定就是该现象的一个主要例证。这不仅限于专家和被认为是“业内人士”的人，还包括作为工具或推理过程的客观信息源。因此，人们不仅能推定百科全书（被认为是由专家撰写的）所提供的信息是正确的，还可以同样地继续用于扩展“权威”。

可以肯定的是，一个发展的过程贯穿整个认知语境，这一过程之发挥作用取决于将最初单纯的推定变成由经验证实的东西的可能性。因此，举例来说，最终将会是统计数据告诉我们专家的可信性。认知推定因此是持续进行的信息累积（即学习）的一部分，而不是教条式的封闭的东西。

三、推定的原理

推定可以是具体的和特殊的，也可以是抽象的和一般的。长期失踪的人已死，这是个一般推定。失踪多年的史密斯已经死了，这是一个特殊推定——前者是一般规则，后者是其具体运用。不过，一般推定是根本。任何可接受的特殊推定肯定都是基于一个以其为实例的、恰当的一般推定。因此，我推定 X 医生是一个合格的医师，因为电话号码黄页上能找见他的名字。我还推定他对我的病痛的诊断是正确的，因为（通过前一个推定）我承认他是一个合格的医师。推定，就好比莎士比亚的烦恼，不是才下眉头却上心头，而是蜂拥而至，而这些特殊推定总是以一般原理为基础的。①

恰当的认知推定要么是一条一般议事规则，要么是这条规则的实例。这种议事规则的形式是，无论条件 C 何时实现，始终坚持 P，除非且直至找到标准的缺省附加条款 D（达到了获得相反证据的程度）（因此：当一个人被控有罪时，除非且直至其罪行确认无误，否则应判定其无罪。）这种情形从逻辑角度来看，可以用公式将这一规则表示为

$$C \Rightarrow (\sim D \Rightarrow P)$$

① 逻辑和知识论中对推定规则的研究可追溯至理查德·惠特利（Richard Whately）的《修辞原理》（*Elements of Rhetoric*, London and Oxford: Oxford University Press, 1928）。这一主题在当代被再次引入是在拙作《辩证法》中。参见 E. Ullman-Margalit, “On Presumption,” *Journal of Philosophy*, 80（1983）: 143-63，以及 Douglas N. Walton, *Argumentation Scheme for Presumptive Reasoning*（Mahwah, N. J.: Lawrence Erlbaum, 1996）.

或者，考虑到具体细节的话可以更精致的表示为

$$(\forall x)(C(x) \Rightarrow [\sim D(x) \Rightarrow P(x)])$$

一条认知推定规则相应有三个部分：条件（C）、缺省附加条款（D）及推定的结论（P）。任何通过这一原则的作用而得以维系的具体结论，也就是说在一个具体案例 a 中，只要 P（a）是基于 C（a）和 $\sim D$（a）进行评价的，那么得到的 P（a）本身的就被认为是处于一个推定的状态（而不是一个确定的事实）。这里关键的部分是，唯有通过一条恰当的推定原则的应用才能知道一个具体推定，除此别无他法。

由于推定本身不可避免的可废止性，公式化的缺省附加条款 D 就是至关重要的。然而，相当明显的是，对于推定的这一松散的附加条款绝不等于可有可无的东西。[①] 因为一个推定之安全有效只是“在有进一步的消息之前”，而这种消息的到来是完全有可能的。

一个命题被视为推定与其被视为真理是完全不同的，正如一个人被视为总统候选人跟他成为总统是两码事一样。似真的真理候选项并不要求或预设真：这是全然不同的问题。接受一个命题为推定的真理跟接受是全然不同的，它是一种高度临时性的和有条件的认知赞同趋向，跟直接的赞同相去甚远。

将一个推定从单纯的假定或假说中区分开来的是其强制性的方面，即法律上的或理性的命令，这是一个推定的原则所固有的。因为一个推定的原则通常就是对接下来要做的事情做出一般的规定。假定毕竟是一种自由选择——你可以把它们当回事也可以不当回事。相比之下，一个推定是基于不可抗拒的权威，这种权威一方面来自法律，另一方面来自理性的要求。

四、可废止性和推定的作用

考虑一下这个论点：“如果你从沙堆中拿走一粒，你得到的将还是一个沙堆。”这个完全似真的论题不可能被固执地坚持下去，我们不能认为它始终有效且一成不变，而不遭遇谷堆悖论（诡辩），这自古以来就是逻辑学家们非常着迷的命题。这个论题总体上大致是有效的，但不总是有效。在一般情况下我

---

① 在因新信息而改变想法的临时语境中，谢弗勒（I. Scheffler）提出了一个类似观点：“一个句子可以在后来被舍弃，这并不意味着它对我们当前的要求可以被轻易忽略。一旦一个陈述被认为是理论上可以修正的，这个陈述就完全丧失了其认知意义，这一观点和如下建议一样是不可取的：一旦规则看上去有可能使一个人在投票中败北，那这个人的得票就不算数（Science and Subjectivity [Indianapolis, Ind.: Bobbs - Merrill, 1967], P118)。

们可以在此基础上进行，但偶然问题肯定会出现。这个论题不是一个直截了当的真理，而应被视为提供了一个推定，以此为基础我们能够一般地进行下去而不必过分担忧。它所提供的不是一个确切的事实——直截了当的真理——而仅仅是一个合理的推定。

我们接受我们的认知推定，虽然我们这样做只是暂时的。既然我们认识到我们的认知推定是可废止的，只是在“有进一步消息之前”保持有效，因此我们面临的问题就是什么可以废止一个推定。原则上，以下三条可以做到：

（1）更强有力的相反推定。比如，由更多证人达成一致的相反证词，或者，经验更丰富、知识更渊博的专家提出的反对意见。

（2）相反证据。我们推定“走失”多年的某人死了，但如果他再次活蹦乱跳地出现，那就是这种情况了。

（3）不一致。如果参考书 A 告诉一些事情，我推定它是正确的，但如果同样权威的参考书 B 告诉我另一些相矛盾的东西，那之前的推定就被推翻了。

推测（putativity）或推定因此或多或少地总会表现为一种探究的程序，而这种探究程序的结果是可废止。既然都是可废止的，那就不可能存在绝对的和必然的合理强制让我们去接受。一般认为，程序并不产生被证明的且不可改变的真理，因此对判断的悬隔在可废止性的名义下保留着其他选择。大多数这种可废止的理性探究程序能够做到的是决定一个人应该接受什么——如果他在某情境下确实准备接受什么东西的话。但这一程序无法产生那种无条件的、绝对的、被证明的真理，这就意味着它所产生的东西只能被看成是推测或纯粹推定的真理。（当然，如果对真理的完全明确的合理保证尚未达成，那么这种情况下对真理的要求就可以合理地提出。）

五、推定性真理

因此，一个推定与其说是“所予”的，不如说是“所取”的。[①] 但是一个

① 译者注：“所予”是哲学中常用的术语，在翻译方面并不存在特殊的困难。而语言哲学和心灵哲学中在谈论同一论的时候，token 往往与 type 相对，分别表示殊型和类型。本书完全不是在此意义上使用 token，而是取短语 take it as…中表达的含义，即“将……看成是（当成是，当做是）……”，因此作为被动语态的 token 直译的话可以是“被当做”。就推定而言，它不是确定无疑的真理，而仅仅是出于实践的考量，权宜性地将某个命题“当做是”真理。从行为者或能动者的角度来看，这不是被动接受所予材料的过程，而是主动地带有某种程度的冒险性质的策略，因而也有“取”之为我所用的意味，同时，take 一词本身也有“拿”“取”的含义，因此在作者将 taken 与 given 并举的时候，将前者翻译为“取”或“所取”亦无不可。鉴于上述考虑，在本书的翻译过程中译者将在不同语境中采用不同的翻译。

命题或许能够以以下两种方式被取用。

（1）被当做是永恒真理或事实上为真；明确归为真的东西，

（2）尝试性地被当做是候选真理或者是潜在地或推定地为真；暂时地被归为真的，也就是说，只要这么做不会产生任何问题或异常。

其实，一个推定就是一个命题，但这个命题并不是绝对意义上的第一选择，而只是第二选择，它是一个替代真理，自诩或假装为真，其可靠性多半被证明是靠不住的，可能笑不到最后。

诚然，不假思索地接受一个观点是一种果断的行为，但暂时接受所带来的结果是，它意味着人们能够依此方向采取试探性的和非决定性的步骤。最初半推半就、欲拒还迎的接受，是建立在高度临时性和确实不充分的基础上的，但被接受的观点能够逐步增加可信性。一个基本且经济的比较在这里是比较合适的：一个观点就像一个人，只有在一开始就被给予信任（即某种信任）它才能够获得最终的绝对信任，即使最初的信任是临时的，没有任何牢固的基础。

因此，认知推定只是一种推定的真理，我们尽可能将其接受为那种可以归为真的那一类命题，换句话说，这样做的时候不能产生困难或矛盾。推定的出发点是预成的：它并非确然为真，只是通过一种有合理保证的期望而获得支持，这种期望就是，如果一切顺利的话，它搞不好就是真的。它是一种表面的真理，恰如伦理学中人们谈论的表面责任（prima facie duties）。只有在没有相反条件起作用的时候一个表面责任才被看成是实际的责任。类似地，一个推定是一种表面真理，因为充分的、肯定性的证据表明，我们在准备将其视为实际上为真时没有相反因素起作用。它自称为真理，但它未必能笑到最后。不过一个宣称的真理即使是非常勉强的和暂时的，也还是一个宣称的真理。把试探性的宣称真理和宣称的试探性真理混为一谈是完全错误的！其区别相当于勉强承认做坏事和承认勉强做坏事。因为一个宣称的真理是临时的，这一点并不会导致它是一个宣称的临时真理。

确证的真理和单纯推定的候选真理之间的区别是我们现在要考察的问题的核心，所以必须强调。真理标准的任何经验辩护都必须自食其力——这需要事实的引入，但这些事实的引入在现阶段还不能被当成是真理。为了满足这一需求，诉诸候选真理是很自然的，予料不是确证的真理，如同总统候选人不是已当选的总统——尽管候选人中总有人会胜出。

在这种情况下，与似真性相联系的是明证（evidentiation）概念或证实（substantiation）概念。正如大量经验所表明的那样，在信息不完全的情况下回答我们的问题时，绝不会总是举证最充分的备选项最终被证明是真的。不过，尽管如此，按照这一推定通过以下规则来推动这一进程的实践毕竟还是合理的策略：

对一个问题的最佳且最有力的回答被推定为正确的。

证据并不保证真理；它只不过是提供真理的推定性的导引。其功能不是来自保证，而是来自推定。

当然，不能无视如下事实，即“*p* 是推定地为真”并不意味着“*p* 是真的”。和断言一样，推定也存在着观点本身与人们对之所采取的态度之间的“承诺鸿沟”（gap of commitment）。不可废止性涉及真理宣称的认知状态，而与其宣称为完全可靠的真理这一实质无关。真理概念仍是极其有用的，这并不因真理宣称之提出方式最终却是沾染了些许临时性的味道而被废止。因此，无论如何都不需要采纳如下观点，即一种可错的方法使得真理概念仅仅扮演着调节性的角色，只涉及探究的终极目标，而与当下全然无关。①

尽管如此，我们不打算不分青红皂白地大开方便之门，把认知推定概念弄成大杂烩。并非什么东西都是推定：这个概念有其逻辑的和认知的限定。推定并非简单“可能为真”或者“就我所知为真”的东西。将一个命题划归推定就是暂时对之采取一种明确的和承诺的态度。无论如何，这种暂时的赞同仍然是赞同其为真。可废止性与真理宣称的认知态度有关，而与其宣称为完全可靠的真理这一实质无关。真理概念仍然是很重要的：它并不会因为采纳如下观点而被抛弃，即阐明真理宣称的方式被认为是最终混杂了些许暂时性的意味。②

推定真理一般而言不是孤立的。它们内在于实践及其规则或原则，因而它们是以成群结队的方式出现的，与推定的相关操作原则相适应。关注知识的古代理论家通常用认知“来源”（sources）这一术语来表达这些群组，相关论题正是起源于此。“记忆材料”和“感觉的释放”就是在那之后构想出来的典范例子。这样一种方法似乎完全是合理的，应该从某种一般策略、方法或程序的方面将推定理解为乐于系统地且普遍地合作的。

---

① 皮尔士有时倾向于这种观点，波普尔（K. P. Popper）则完全接受这种观点，参见其 *Objective Knowledge*（Oxford：Clarendon Press，1972），pp. 19-30.

② 这一部分和下一部分源自我的论文《笛卡儿怀疑的不合法性》（*The Illegitimacy of Cartesian Doubt*），发表于 *The Review of Metaphysics*，13（1959）：226-234，校订后收入论文集 *Essays in PhilosophicalAnalysis*（Pittsburgh：University of Pittsburgh Press，1969）. 对类似问题的一种有趣的处理可参见 Robert Almeder，“Fallibilism and the Ultimate Irreversible Opinion，” in N. Rescher（ed.），*Essays in the Theory of Knowledge*（Oxford：Basil Blackwell，1975；*American Philosophical Quarterly* Monograph，no. 9），pp. 33-54.

六、推定与似真性

中世纪有一种观点将似真性与推定联系在一起。[1] 使认识推定概念发挥作用的一个重要装置就是似真性概念，它一般是由情境性的言据（circumstantial evidentiation）和证明性的实据（probative substantiation）决定的。[2] 实际上我们有如下推定原则：

> 只要一个假定不仅是似真的，而且比它的潜在竞争者更似真，那么它就可以被推定为真。

因为似真性是能够用来决定推定是否存在的关键因素。其基本原则是如下规则：

> 推定支持的是最似真的竞争性选项——只要它实际上存在。这一选项将始终成立直到（被另一个更似真的推定的出现）撤销。

这一规则的使用为推理和证明理论中的似真性发挥了关键作用。[3] 在面对不一致的因素时，为了保险起见，人们在其相关认知活动中努力将当前情境下可实现的似真性最大化。这样一种认知策略非常类似于行为的审慎原则，即在有效选项中选择造成的可能伤害最小的。似真性趋向（plausibility-tropism）可以被当成是认知审慎的一种方式。因此，似真性是作为理性辩证法（与传统辩证法相反）的一个重要机制出现的。

就其相对权威性而言，来源的有效性也是一个关键因素，因为一个论题的似真性程度取决于为它提供保证的来源的可靠性——它们有权作为信息提供者，要不然就是能够宣称是可信的。正是在这一基础上“专家证言”和“普遍同意”（人们的共识）都算作似真性的条件。

当然，确凿证据的证明力度也可以作为似真性的一个坚实基础。在这个基础上，竞争性论题中对证实性的证据支持最强的就是最似真的。因此，就似真性而言，我们的证据资源将发挥关键作用。

---

① 参见 Hajo Keffer，De Obligations（London：Brill，2001），pp. 181-86.（此段文字原本在正文中，但考虑实际上是一个文献，还是放在脚注中较为妥当——译者注）。

② 这在历史上可追溯至“合理的”（the reasonable，即古希腊学园派怀疑论者所讨论 *eulogon*）这一概念。比如，卡尔涅阿德斯（Carneades，公元前 213—公元前 128）提出一套相当完善的（非概率的）理论，涉及感觉的释放、证人的证词等。相关问题的有益讨论可参阅 Charlotte L. Stough，*Greek Skepticism*（Berkeley and Los Angeles：University of California Press，1969）。

③ 关于这些问题可参阅 Rescher，*Plausible Reasoning*（Assen：Van Gorcum，1976）.

然而，观点的似真性可能并不依赖来源或证据对观点的保证，而是基于原则对观点的保证。这时候归纳因素可以显著地发挥作用；特别是，这些保证性的原则是标准的归纳所希求的（the standard inductive *desiderata*）：简单性、一致性、殊异性、确定性、限定性、“天然性”（naturalness）等。按照这样一种方式人们将会说，一个论题越简单、越一致、越具体——其本身或内在地或外在地与某个指定的基础相联系——这个论题就越坚定地被看成是似真的。

比如，简单性概念为似真性因素提供了一个重要的切入点。“其他方面皆同，诸假定中简单者较之复杂者优先。”这一指令可以合理地被奉为一条程序上的、调节性的推定原则，而不是关于“性质简单性”的一条形而上学的主张。按照这样一种方法，我们所信奉的并不是经院格言“简单性是真理的标志”（*simplex sigilium veri*），而是它的“堂兄弟”，“简单性是似真性的标志”（*simplex sigilium plausibili*）。通过采用这一策略我们的讨论从构成性的/描述性的/本体论的方案转移到调节性的/方法论的/指定性的方案上。

同样，一致性也能作为推理的似真性的向导。因此，我们来考察一下“一致性原则”：

> 在缺乏明确的相反迹象时，关于未经审验的情形的、符合样式的一致性的论题，其一致性源于我们在已经审验过的情形中掌握的材料（实际上这些材料自始至终都体现出这种一致性），这种命题较之其规则失范的对立命题要更为似真。此外，这种样式的一致性越广泛，论题的似真性就越高。

这一原则相当于如下立场，如果给定的初始证据表现出显著的逻辑样式，那么有关这一证据的样式一致的主张，在评价的时候（若其他条件不变）比那些样式失范的主张更似真（而且样式一致性越广泛，似真性就越高）。在判断理论和观点的似真性的时候，基于和其他被验证的情形的“足够密切的类比”，该规则实现了我们所熟悉的这种实践的指导思想。①（因此，在似真性评价中，一致性原则对于常态——事物的通常情况——

① 当然，所有这一切并不涉及这一规则本身的状态及其自身辩护的本质问题。当前语境中重要的是强调似真性因素的调节性作用。而这就变成了认知策略问题（“赋予同等情形同等对待的观点以优先性”）而不是关于自然本体的形而上学观点（正如明显错误的描述性主张“自然是一致的”）。似真的归纳推理并不是将一致性理解为一种本体论的构成性原则，而是将其看成是认知策略的一种调节性原则，能够为我们的选择提供基础。作为一种“认知策略的调节性原则”，其状态是方法论的，因而其辩护归根结底是实用主义的。参见拙作 *Methodological Pragmatism*（Oxford：Basil Blackwell，1976）.

优先性具有特殊作用。①)

一般而言，一个论题越似真，它与我们关于相关事物的知识的其他部分的一致性和符合性就越自然。通常，从认知承诺的结构中抽离一个高度似真的论题会导致真正的大崩溃；而抽离一个高度不似真的论题几乎不会引起什么动静。在这二者之间我们还要处理各种不同程度的再调整和再排列。通常，与我们的认知承诺契合越紧密、协调越顺畅，则论题的似真性就越高。因而，系统的内在关联性和似真性就以某种方式共同使推定成为归纳推理的关键因素。②

七、推定与概率

当我具有“看到猫在垫子上”这一经验，也就是说，当基于我所具有的一个经验我发现自己承认“有一只猫在那边的垫子上”，那么“我就是处于看到一只猫在那边的垫子上这样一个印象中”。这一经验以及它所导致的印象和倾向为我的断言“有一只猫在垫子上”提供了辩护吗？是，也不是。就其本身而言不是。但置于环境以及更宽泛更大的经验过程的背景中来看，我的确是“受到辩护的”，因为我正是在这样的环境和背景中了解到，这些有据可依的信念倾向总的来说是正确的——不像梦的经验或各种“预感”（这时候可以再想想前面谈到的“所予”和“所取”）。

推定往往被看成是一种采用概率的、似真的猜测。这里的关键原则是，允许推定是概率的。在此基础上我们发现在鲁道夫·埃斯勒（Rudolf Eisler）那本很好的哲学手册中，在解释“推定：基于概率的预设”的时候，将推定说成是建立在概率因素基础上的假设或预设③。但这样一种方式并非

① 参见 Ferdinand Gonseth，“La notion du normal.” *Dialectica*，3（1947）：243-52，以及 Rescher，*Philosophical Standardism*（Pittsburgh：University of Pittsburgh Press，1994）.

② 关于似真性概念及其在理性运思中的作用，更为详细的考察可参阅 Rescher，*Plausible Reasoning*（Assen：Van Gorcum，1976）and *Induction*（Oxford：Basil Blackwell，1980）. 关于自然科学中的似真推理原则可参阅 Norwood R. Hanson，*Patterns ofDiscovery*（Cambridge：Cambridge University Press，1958），以及他在 1961 年发表的一篇很有影响的论文“Is There a Logic of Discovery?” in H. Feigl and G. Maxwell（eds.），*Current Issues in the Philosophy of Science*，Vol. I（New York：The Free Press，1961）. 西蒙（Herbert A. Simon）的研究在这一领域是一个重要进展：“Thinking by Computers” and “Scientific Discovery and the Psychology of Problem Solving” in R. G. Colodny（ed.），*Mind and Cosmos*（Pittsburgh：University of Pittsburgh Press，1966）.

③ Rudolf Eisler，*Handwörterbuch der Philosophie*，2nd. ed.（Berlin：E. S. Mittler & Sohn，1922），s. v. “Prãsumpion.”

没有困难。

推定与似真性相联系，但一个论题的似真性并不必然是对其概率的衡量，概率就是说我们认为它有多大可能性，或发现它是错的会让我们有多意外。毋宁说，鉴于确保它在这里面的结论的那些来源和原则是成立的，它反映的是它嵌入我们关于事物的认知图式的前景。似真性的核心观念是我们对一个命题的认知倾向的程度，即根据基于其可信性表现出来的信用在认知上吸引我们的程度。关键问题是，在我们认知承诺的整个结构中，所讨论的论题融入其中的容易程度如何。

现代认识论的一个主要教训是，概率的考察不可能为直接宣称的真理提供一个有效的基础。这一教训在所谓的彩票悖论中得到了鲜明的体现。

假定阈值是 0.80，考虑下面一组六个陈述：

（公平地、正常地）掷骰子的时候，不会掷出 i（i 依次表示 1、2、3、4、5、6）。

按照规定的标准，这六个陈述中每一个都必须被接受为真。而它们的合取却会导致无论如何都不会发生的明显悖谬。此外，阈值设定为 0.80，而不是 0.90 或 0.999，这一事实根本不重要。要针对较高的阈值重构相同的问题，我们所要假定的博彩只需要有足够的（相同的）分割，以穷尽足够小的概率的单个选择的所有可能性。于是每一个具体结果不发生的概率将小于 1，减去阈值，因而只要我们愿意，就能够使之不断接近 1。据此，通过接受这些断言中的每一个，并且将它们连接为一个整体，我们将立刻直接陷入矛盾之中。

这就是彩票悖论。① 它明确排除了纯粹基于概率阈值的命题接受标准。②

关于推定，这些考察中出现了两种重要的教训：①推定可以恰当地在概率的基础上作出，这种推定又恰恰依赖于相关语境碰巧是怎样的。②既然不同语境的似真性可能是不相容的，人们不可能全面一致地将这些推定联结起来，将它们从各自的相关语境中剥离出来放在一起。也就是说，似真的推定本质上是一个为解决问题提供资源的“问题逻辑”（erotetic）过程。尽管真答案的输出

---

① 彩票悖论最初是由凯伯格（H. E. Kyburg, Jr.）阐述的，*Probability and the Logic of Rational Relief*（Middletown, Conn.: Wesleyan University Press, 1961）. 关于它对归纳逻辑的更广泛的意蕴的分析可参见 R. Hilpinen, *Rules of Acceptances and Inductive Logic*（Amsterdam: North-Holland Publishing Company, 1968; *Acta PhilosophicaFennica*, fasc. 22), pp. 39-49. 还可参阅 I. Levi, *Gambling with Truth*（NewYork: Knopf, 1967), chaps. 2 and 6.

② 可比较拙作《似真推理》（*Plausible Reasoning*）一书关于这一主题的讨论。

无关乎问题，可覆盖不同问题的语境，但似真推定不是这样的。完全从似真推定开始进行推理的时候，我们必须特别注意与我们已承诺的主张保持整体的融贯与一致。既然推定是可废止的，我们将不得不始终对那些可能使之废止的因素保持高度关注。①

① 第六章缺省推理将回到这个问题。

第四章　有效的认知推定

一、推定的目的性

但凡我们在推定的基础上行动并且实际上有所行动，我们就已经超越了推定：我们假定它是正确的。这一假定可能被证明是不正确的。但即便如此，这对解决初始推定在它被提出的语境中的确定性也无损分毫。其错误（erroneousness）是事后聪明，事先无法预知，仅表示一种不幸而非谬误（mistake）。

对推定的适当性进行的评估，并非基于一种个别化的零售式的基础，而是批发式的——是对特定情形背后的推定之诸原则的一种统计上的系统评估。推定是一种方法论的程序上的资源，必须在这样的基础上通过其“整体”表现来评判。因此，认知推定是为了提高我们对有用信息的获取，而交往推定是为了促进由此引发的传递。我们的推定过程在各自不同领域的恰当性和有效性，其最终检验依据的就是实用主义的准则，涉及相关目的实现过程中的推定的效用。

19 世纪后期，美国的 C. S. 皮尔士和欧洲的欧内斯特·马赫为某些推定提出了一条进化原理，如对感官和各种类推的信任。在进化发展的前提下，它们所保持的这种特征自然就出现了，而如果这些特征并不是有效的，如果它们在真实性的方向上没有表现出哪怕一丁点儿应有的统计上的倾向，它们就不会在世代更迭中留存至今。这一有趣的思想有着相当的优势。

我们来考虑猫在垫子上这一经验的认知情境，这一情境中“我认为我自己看见一只猫在垫子上”。在此基础上我将会相当确定地得到如下见解：

（1）假定有一只猫在垫子上是合理的。

（2）大概有一只猫在垫子上。

但是，要信誓旦旦地宣称实际上有一只猫在垫子上，在此环境下无疑就会走得太远。尽管如此，表现出赞同这一观点的趋向当然是可靠的。从关于主观视觉经验的主张到关于客观事实的主张，这一步骤包含大量推定的成分，而一个推定是在怎样的基础上得到辩护的呢？

（1）实际上有一只猫在那儿。

（2）实际上有一只垫子在那儿。

（3）猫实际上卧在垫子上。

从感觉经验（“我觉得我自己看到了一只猫”）到客观事实主张（“有一只猫在那儿并且我正在看它”），这一步骤在程序上是直接的，但在认识上却是间接的。居间调停的并不是推论，而是策略，即推定的策略——相信某人自己的感觉。这一策略本身既不是出于一厢情愿也不是基于主观臆断：它是在实践的派别中出现的，这种实践源于如下考虑，即长期的经验过程已经教导我们，我们的感觉总体上是在正确地引导我们——与那些梦的经验不同，视觉经验所标示的总体上提供了可靠的信息，能够在实践中得到运用。①

何种主张确然是推定上合理的？首先，经验探究中通常的和常规的检验实践把支持信息的这种认知来源的推定规定为感觉和记忆——或者在此意义上值得信赖的人力资源或文献资源，如专家和百科全书。这一主题的文献进一步考量了这种认知上有用的备选方案：

（1）接受的“自然意向”（natural inclination）或“自然倾向”（natural disposition）。

（2）就事物类别而言的“认知的实用性”，如果接受这一点，就解释了需要解释的事物。

（3）“类比”于在其他语境中被证明是可接受的东西。

（4）与其他被接受的观点“契合”或一致。

因此，即使像“脆弱如芦苇”这样，将当前不确定的事物与过去相似的事物相比拟，也是通过提供回答问题的现成资源，提出了一个有用的并且恰当的推定方式。② 然而，对于认知推定的原则而言，其可行的基础有一个显著特征，即它们在提供有用信息方面必须有良好的表现纪录。

正如之前的讨论所强调的，我们的认知过程包含了大量对可靠性的认知推定。在所有这样的情形中，认知推定所支持的是那些普通的、常规的和自然的

---

① 但为何知识根植于推定而非或然性（将试探性认知的另一种模式考虑进来）？从根本上讲，原因在于，如果不大量诉诸实际情形如何，则无法证实可能情形如何，正如下述推理思路：

· 每当乌云压顶，则骤雨或至。

· 乌云压顶

· 雨水可能瞬息将至

与推定不同，或然性不可能充分建立在策略的基础上；它们必须基于可能为真的事实。

② 这是为什么坚持习惯成为认知理性与实践理性的一个基本原则。可比较 William James，“The Sentiment of Rationality，” in *The Will to Believe and Other Essays in Popular Philosophy*（New York：Longmans，Green，1897）.

东西，倾向于便捷易操作的认知事务。这里的关键在于推定乃是认知经济问题——遵循一种非常合理的策略：由“最小阻力路径”通往可接受的结论。其首要原则是，仅在需要的时候引入复杂的东西，始终旨在解决问题的最小复杂性。

因此，推定的辩护归根结底是合目的性的，它涉及相关具体推定在目的语境中体现出来的未来的效用。

二、推定的辩护

关于认知推定策略，其辩护原理的一个出发点是人们对信息的需求。推定作为一种认知资源的显著优势在于，它极大地扩展了我们有能力回答的问题的范围。它提供了一个工具，使我们能够最大限度提取、探究和交流情境中的信息。总之，推定是一种极为实用的资源。它是一种思维工具，使我们能够在事情必须完成的时候将它尽量做到最好。因而，当实用原则在我们的认知和交流实践中发挥主导作用的时候，推定为我们提供了又一种实例。

这样的认知推定并不是一种观点或理论，它所表示的是一种实践策略，一种操作方法（*modus operandi*）。就此而言，区分规则和原则这两种不同的程序上的引导是有益的。一条规则指的是在不同类型的具体情境中如何行进的指令。在情境环境的基础层面，它确定了如何在具体行为和操作的不同路径之间做出选择。一条原则指的是在运用规则时如何行进的指令，它确定了如何在比具体行为更高（更抽象）的层面上的不同主张之间做出选择，特别是不同规则和原则之间的选择。尤其是，具体推定产生于那些执行程序的某些基本原则时所遵循的规则。但是这里所涉及的实践是认知实践。用来解决我们需要回答的问题的实践还不存在，这种情况下我们必须满足一种相对合理的实践。这是不得已而求其次的办法，要么得到的就是这些，要么一无所获（或者至少是没有更好的了）。推定是一种思维工具，使我们能够在有些事情不得不做的情况下将其尽可能做到最好。在此基础上，当实用因素在我们的认知和交流实践中发挥主导作用的时候，推定为我们提供了又一种实例。

再一次来考察感觉。我们能够用我们对世界的经验而产生的东西形成关于它的看法，这种看法至少在某种程度上是可靠的，这对于我们的认知事业是一个不可或缺的预设。如果我们彻底——始终并且普遍地——拒绝将似然证据接受为实然证据（至少直到它不足为信的时候），那么我们在理性探求的实践认知领域将寸步难行。如果一个人疑神疑鬼地拒绝所有的推定，那他也就自动断绝了其他任何人在关于世界经验事实的常规讨论框架内与之理论的可能。

既然明知推定并非确然的、可证明的真理，那么究竟是什么为人们就有关事实作出推定提供了辩护？答案在于，推定与其说是证据确凿的考量，不如说是程序实践的考量。推定是一种功能性的、合目的的策略。法律推定的存在是服务于各种不同的法律目的[①]，而认知推定作为一种工具是为了促进这种作为交流和探究的认知实践……一个实践模式之效验从根本上说始终是实用的。因此，正如法律推定之有效是基于其孕育法律事务目标时的效用，认知推定之有效则是基于其在孕育认知事务目标时的效用——为我们的疑惑寻求恰当的解答并巩固有用的信息。最后，推定这种实用策略，其有效性的原理基本上是出于对实用的考量。

对推定进行检验时，一个显著的方面是，有理由认为以这种方式行事胜过其他，而且一般经验也表明了这一点。对这些推定的辩护并不是实质性概括的一种事实辩护。“以这种方式行事，你就会得到正确的信息。”毋宁说，这种辩护是方法论的。以这种方式行事，你将在认知活动中事半功倍；所得与所获在整体上将大过风险、损失和代价。对于那些理性地从事认知事务的行动者而言，这种类型的原则是他们所执行的操作方式的不可或缺的部分。

因此，推定在我们的认知实践中扮演的角色至关重要。毕竟，论证必须有前提。我们不可能在推论上始终自上而下地论证一切东西。这就是推定发挥作用的地方。它们提供了一个起始点。理性的运思需要投入质料，而推定的原理就提供了这些质料。推定的事实并不是推论地产生的，而是作为原料而被给予的。比如，就感官知觉而言，我们推定，仅表象（予料）提供了事物实际状态的指示（不论这种予料最终被证明有多么不完美）。这样看来，推定得到辩护的信念，其理性的合法性在于如下考虑，即“合目的的有利指示”的一般模式维护其自身，而至今仍没有相反的迹象能够反对它。

经过一番仔细的考察之后，当我产生了那儿有一只猫在垫子上的印象时，我能够（非常恰当地）将“有只猫在垫子上”这一观点单纯建立在我的经验（视觉经验）的基础上，而不需要某种预先设定的前提。主要原因在于，没有很好的理由来说明在这种情况下为什么我不应该满足于如下倾向，即赞同这种视觉指示是真实可信的。（如果有这方面的证据，比如，我洞察到我正处于蜡像馆，那么这种情况当然就不一样了）

推定的操作方式其实是实用效力的问题，与具体事项的语境目的论有关。

---

① 参见 Edmund M. Morgan, “Some Observations Concerning Presumptions,” *Harvard Law Review*, 44 (1930—1931): 906-934.

刑法是推定的根源，在刑法中，推定的目的在于核定罪行而宽宥无辜。推定的一般规则因此为它们提供了正当性。同样的情形在整个这一领域都是如此。

比如，交往活动中的支配性原则是以最小的努力传递最大量的信息。在此基础上我们就得到了如下推定规则：

在一则消息的诸约束条件中你应该（除非有明确相反的指示）始终优先考虑：

（1）常态（最大经验确证）

（2）概率（最大可能性）

（3）简单性（最少的限制条件）

类似地，在探究中，支配原则是为了最大限度地保障相关可靠的有用信息。因此，这一推定规则的基础是：

对你的问题的回答是受如下认知可靠性的因素影响的：

- 明证
- 概率
- 确定性（殊异性、细节）
- 信赖
- 简单性（经济）
- 一致性（与已确立的情形相一致）

其中信赖、简单性和一致性是认知实用性方面的影响因素。推定在不同的语境中采取了不同的形式：法律推定是一种，认知推定则是相当不同的另一种，其辩护的程序也相应有所不同，但推定原则的理据始终是相同一致的，即它在相关语境中的功能效用。对我们的推定策略的辩护是通过其合目的的效用完成的，而这种效用表现为促进内在目的和目标在构筑这些策略的领域中的实现。但就司法或探究或交往而言，鉴于推定的这些原则实际上本就是受辩护的，它们是通过其操作在效用上是有效的这一一般考虑而得到辩护的。

不同领域中的推定在验证方式上存在实际的区别，比如，法律和日常会话中就是如此。但这些区别都发端自相同的潜在来源：规定相关事务并为之奠基的目的的具体多样性。有时候，就拿感觉经验的推定的忠实性来说，最关键的是相关事务的可行性；而对于另一些事务，比如法律推定，重要的是其努力的效用。但不论是可能性的条件还是效用的条件，关键在于相关实践的功能适用性。问题是，在所有相关情形中，那些我们所熟悉的推定的各种原则，其存在是为了所从事的事务的更远大的目标和宗旨，其恰当性的效验将依赖它们实现目标的过程中的功能适用性和有效性，它们之所以被构建出来就是为了那些目标。

因此，推定的基本原理从根本上是实用主义的，甚至特定的认知推定最终也是一种实用策略，其效验的原理取决于某种实用的考量。当然，这一程序的结果并非神圣不可侵犯。选择最容易的出路可能会让我们感到失望，一开始足以适用的未必最后也适用，但作为开始的方式显然是明智的。在推定的这一基本层次上，我们所做的无非是自然而然的事情。尤其是，在认知语境中有根本的一条原则，即让表象成为实在的向导——承认证据是客观事实的证据，将其指示看成是决定性的，除非有足够分量的相反的指示与之相抗衡。对于认知合理性的机制而言，推定的构架是不可或缺的组成部分，因为没有它的话，理性探究的整个计划一开始就迈不开步子。

三、有效性问题

接下来的一个问题是：效用固然很好，但有效性如何保证呢？什么因素能够使我们的推定有效呢？它们如何能配得上它们所青睐的认知状态？答案已昭然若揭，这涉及一个双重过程。一开始，对于基于思维而行动的生物，有问题就要解决是一种基本需求。但最终我们摆脱了这种“非此即无”（this or nothing）的思维，而推定的有效性是通过它所产生的结果的（认知上和实践上的）效用才在事后表现出来的。我们从“非此即无”发展到“要么就是如此，要么实在没有比之更好的”（This or nothing that is determinably better）。合法性因此就具备了，虽然只是通过实验性的回溯效验（*retrovalidation*），即依据最终经验的回溯的效验。[①] 在满足条件的要求时，某一结果比其他可行的结果更有效，这是一个学习的问题。一开始我们需要的是前景和潜力，但最后是可适用的有效性在发挥作用。

实际上，推定的基本原理就体现在它们对所从事的事务的重要意义，即它们介于必然与特别有用之间。因此，推定能够扎根于“退而求其次”策略，而且从已有记录来看，这里没有任何东西能够像它一样令人放心，虽然经验的教导也能够有所帮助。一个认知推定的原则的效验最终能够——观念上也应该——建基于一种经验的并且明证的基础之上。因为如果在某项合目的的事务的设定中，接受推定原则“在C类型的情况下推定F”实际上是适当的，那么这一原则最终能够并且应当建基于过去记录的证明，表明这样做我们通常能够

---

① 这一思路的更充分的阐发参见拙作《方法论的实用主义》（Oxford：Basil Blackwell，1976）.

促进这一目标的实现。

尽管如此，我们的推定的效验从根本上讲并不是真正理论上的，而是实践上的。这并不表明，如果我们采取相关推定，这种效验不会经常性地出错。相反，它仅仅表明，如果我们实际上需要或者想要立刻解决问题并且填补信息空缺，那么，那些推定就是最有前景的方式，为我们达成目标提供了那些方式和手段，在我们看来这些目标也就代表了成功的最佳前景。通过合理地诉诸可行的最佳选择，这种运思的进路提供了一种实践的或实用的效验。

最终我们所有的推定都建基于一个根本上完全相同的辩护原理，即该推定在特定操作语境中的功能效用。诚然，这些语境彼此间不尽相同，但正如表4-1所表明的，辩护因素根本上所具有的实用特征始终如一。

表 4-1 我们推定实践的效验的操作语境以及目标

法律	法律问题的可接受的裁定
人的能动性	与其他人就公共利益成功互动
交往	信息的有效转换
探究	紧急问题的圆满解决
科学	真实信息在不同用途中富有成果的使用

因此，当谈到我们推定实践的效验时，并不完全是实用性与正确性的问题，因为实用性在这里的成功本身，就是我们可能获得的关于正确性的最好的、最有说服力的支撑因素。

当然，法律中的无罪推定和关于我们感觉的可靠性的推定，是针对不同事情的不同策略。但它们的辩护原则采取了相同的结构样式，不论它们实质上的定位多么不同。

因此，和我们的一般认知实践一样，认知推定也有一个关于成本和利益的基本经济原理。和其他一样，由于我们在世间万物的结构图示中所处的位置，在我们所致力的探究活动项目的设定中也是有成本效益的。它们是我们为了确保解决认知问题所需要的予料而采取的最经济、最实用的方式所具有的特征，确保这些予料也就是确保关于我们生活的世界的问题的答案。在此基础上，我们就能够迅速理解已经建立的关于经济基础的信息发展和管理的规则。它们之所以能大行其道乃是因为与其他可行的选择相比，它们有最大化的成本效益。

据此，推定的有效性受到两个突出因素的影响：①相反的推定在功能上是不可行的，②推定的不可知论会起反作用，如果忽略该推定的话，所涉及的活动项目的实际效用将会大打折扣。第一个因素往往通过理论反思被很好地揭示出来，第二个因素则一般由经验的训诫，即实践中的明证，生动地描绘出来。因此，为我们的认知推定进行辩护的是实用性和在实现相关事物的目标的过程中被证明的效果的结合。

四、如何评价成功

假定某种合目的的过程或方法论资源是需要考虑的，并且在评价其充分性的时候我们诉诸其运用的成功和失败。有两条推定规则在这里是有效的：

（1）导致更多成功的方法被认为是更优秀的。

（2）导致更少失败的方法被认为是更优秀的。

尽管看上去可能有点奇怪，但这两条推定规则的确会相互冲突。

一个问题能够有三种不同回应：一个正确答案；一个不正确的答案；根本没有答案。一个意见或建议能够提供三种不同类型的引导：使事情朝目标发展的有成效的引导；使事情远离目标的适得其反的引导；使事情原地踏步的无价值的引导。药方可以是有益的、有害的或者不相干的。正是通过这种方式，我们喜欢用来支持其实际效用的方法或方式就能够被证明是：

（1）成功的/有助益的/有成效的

（2）有损的/有害的/适得其反的

（3）不成功的/无助益的/（完全）不相干的

三种相应的结果就展现在我们面前：

（1）成功（朝向目标）

（2）失败（远离目标）

（3）不成功（没有更接近目标但也没有落在后面）

相应地也就有两种类型的缺憾之缺憾（flaws of deficiences）：不成功（或一无所获）的较小的缺憾和完全失败（彻底缺失）的较大的缺憾。

可能的缺憾在目的导向的行为上的这种区别对于实用主义有重要意义。因为这一区别意味着在理论上存在两种截然不同的实用效力的标准。

考虑一下任意类型的以目标为导向的方法论工具或资源。在试图了解其过去记录时我们必须关注的领域是它所导致的结果：

- 成功（s）
- 失败（f）
- 仅仅是不成功，实际上并未失败（n）

在此基础上，我们就有了实用效力的两种潜在不同的标准：成功最大化和失败最小化。一般而言，二者实质上不会是一回事。因为最大化成功就是最大化 s，而最小化失败就是最小化 f，或最大化 $s + n$ 的和（注意仅当 $n = 0$ 时这些标准才会是相同的，也就是说，当不成功被看成是失败）。而这两种目标所要求的无论如何都是不同的。因为成功最大化要求最大化 s，而失败最小化则要求最小化 f。

简便起见，让我们用百分比来处理。举个例子，考虑以下两种不同情形，如表 4-2 所示。

表 4-2　成功最大化与失败量最小化

	A	B
s	60%	70%
f	10%	25%
n	30%	5%

成功最大化支持的是 B，失败最大化支持的是 A。那么，该选择哪个呢？

恰当的做法是采取一种综合的评价方式：成功率 × 不失败率。换言之

$$s\ (s+n)$$

失败最小化当然就意味着非失败最大化，也就是说，最大化（$100-f$）（假定我们以百分比来计算）。因此，整体上最大化的最合理的标准要么是最大化的 $s+(100-f)$，要么是最大化的 $s\times(100-f)$。由于 $f=100-(s+n)$，前一计算得到 $2s+n$，后一计算得到 $s\ (s+n)$。通过第一个标准我们比较了 A，$2\times60+30=150$，和 B，$2\times70+5=145$。按照这一最终标准，A 胜出。

按照第二个标准，情况就不一样了。因为，在这个基础上，我们的例子在 A 中得到的是 $60\times90=5400$，在 B 中得到的是 $70\times75=5250$。因此，A 在这里是胜出者，不受其低成功率的影响。这一结果在直觉上似乎是恰当的。

因此，我们就得到了三个版本的实用优选性：

（1）成功最大化；

（2）失败最小化；

（3）综合最优化。

目前，这些考量的意义在于，实用性评价的恰当标准最终既不表现为成功最大化，也不表现为失败最小化，而是综合两种的某种形式的最优化。

五、经验的引入：避免循环

目前认知效验的方法并没有排除说为我们的认知推定进行辩护的整个过程是循环的，其结构已经在图 4-1 中描绘出来。这里的循环虽然非常明显但并非有害的或破坏性的。如果以正确的方式终止循环，从而与辩护的基本原理恰当

地相契合，那么我们将始终在不同的认知层次回到相同的位置。因此问题在于一对彼此区别但又相互联系的循环（认知一致性的理论循环和显性效用的实用循环），它们在交错配位中向上运动，即一对交错上升的螺旋。目前认知效验的方法发现，正如人类生命的核心那样，人类认知的核心也是一种“双螺旋”结构。重新效验的循环沿“8”字形演进。但如果我们回到“相同的位置”，那肯定就是处于另外的认知层次了。①

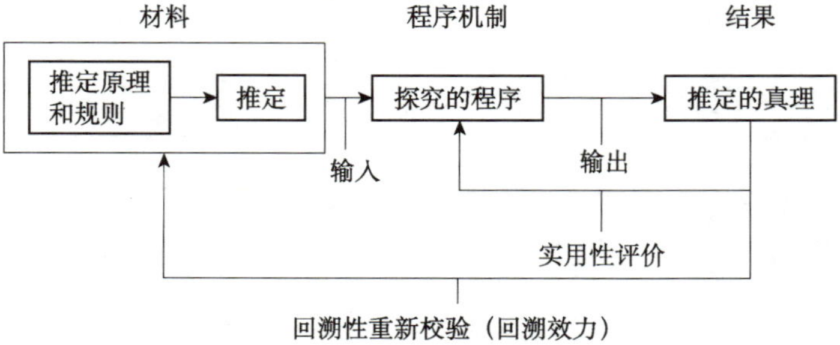

图 4-1　重新效验的循环示意图

推定在这里起到了至关重要的作用。这样的一些前证据保证，由于构成了推定概念的一部分，显然就需要在正在考虑的辩护论证中避免有害的循环。但是，如果最终表明，从后辩护（post-justificatory）的立场来看，其先前状态是一个纯粹推定的观点，应该最终获得之后的真理的状态，那么就没有什么不好的。而如果在某些情况下，所产生的“推定真理”的状态实际上是一个错误的状态，那也没有什么大不了的。因为，与确定的真理不同，一个合理的推定当然是可废止的，而且能够被证明是非真的，同时又不触动其合理保证的初始状态。

这样一来，有害的循环就被规避了，这归功于对处于不同阶段的“同一”观点的使用上的关键区别，尽管这一区别的确并不涉及所使用的观点的“断言内容”，而涉及其认知状态。②

推定的原则并没有将其自身的效验直接展现出来。同大多数任意局部资源

① 存在这样一个问题，我们是否应该认为，再效验的循环过程和认知叠加通过某种皮尔士式的终极收敛过程导致了“真正的真理”。为了做出这种保证，我们要么不得不按皮尔士的方式重新定义真理；要么采取一种足够强大的实质性的原则以提供临时的保证（如密尔的有限多样性原则）。但这种非常规手段没有任何必要。人们不必为他们探究活动的终极效力提供任何这类本质的保证，既然我们是处于特定认知情境下，在从事我们所做的事情时我们是在可控的范围内将其尽可能地做到最好，在这种实用所保证的严格调节性的基础上，继续从事我们所做的事情就足够了。

② 与这部分观点有关的进一步思考请参阅拙作《方法论的实用主义》（Oxford：Blackwell，1977）

一样，布丁味道如何，吃了才知道。在这样或那样的情形下贯彻原则的恰当性主要依赖我们在相应情形下对其使用的经验的整体成绩记录。在实践的这些情形中，经验可以作为我们的向导和老师。而正是在良好成绩记录的不断累积中，这样的原则就归纳出来了——回溯的并且是具有后见之明的。一言以蔽之，我们的推定原则，其合法性的关键在于其基于经验的回溯的效验。

这里起作用的是一种归纳过程，而归纳本身就是推定的程序。因此，对于推定的任何给定策略，其效验本身都是建立在某种推定的基础上的。但这里并不存在什么恶循环。某些领域在效验方面不可避免的是封闭的。即使我们的信念也只能通过其他信念被合理证明，因此我们的推定能够使其合法而不会有害处。

六、作为目的论过程的文化进化：理性选择

我们通常是通过推定提出我们关于实在的观点，有充分的理由认为，推定中所包含的认知方法和程序是有选择的进化，是试错法的历史的、进化的过程，——虽然特征不同，但其作用类似影响身体机能的生物学突变，通过这种突变我们才适应物理的世界。一个探究的程序就是将我们的经验组织成关于实在的系统的观点的一个工具。和其他任何手段或方法或工具一样，首要的问题是：它是否有效；它是否产生了预期的结果；就信息获取和积累而言它在实践上是否成功。这种类型的理性选择的合理性是通过对我们认识论导向的智力产品的变异和选择性保留，而建立在我们的认知资源的文化发展的基础上的。①

鉴于理性行动者在其事业中对成功的审慎的偏好，我们所使用的认知方法在证明涉及解释、预言和控制的有效性方面有良好的记录，这一事实并不奇怪，完全是预期之内的：如果在任意时间内的摸索（反复试错）中，它们没有被证明是相对成功的，它们早就被理性探求者的共同体弃之不顾了。我们的认知方法论的效力因而通过进化的角度得到解释，这种进化基于理性选择，以及由采纳和传递而实现的对永恒性的要求。

社会进程的历史发展，以及具有探究行为特征的实践为理性选择这一现象提供了一种清晰的解释。在任何理性行动者相互影响的共同体中，实用主义的

① 在解释逻辑和科学思想的演变时，法国知识社会学学派通常设想，文化上不同的程序模式的自然/理性选择中间存在竞争。可比较 Louis Rougier, *Traitéde la connaisance* (Paris: Gauthier-Villars, 1955), esp. pp. 426-428.

动因强烈导致了，在达到所从事的事务的共同目标时，选择和保留那些证明其自身在目的上成功且功能上经济高效的实践。尤其是，我们通常的认知用法和程序的发展能够在此基础上得到最好的理解。

这样的话，与认知领域的推定有关的进化过程的展开，就不难给出例子了。人类历史的精神领域充斥着这个星球上已经灭绝的恐龙所保留下来的骨骼残骸。用于信息获取及解释性使用的这种废弃的方法有占星术、命理学、神谕、解梦、解读茶叶残渣或鸟的内脏、泛灵论、前苏格拉底思想家的目的论物理学等。毫无疑问，这种实践的运用在某些人类共同体中一直延续到现在，但显然，并不存在于那些献身自然原理的严肃探究中，也就是科学家群体中。这种非正统的认知纲领并非本质上就是荒诞的或者本身就是不值一提的，即使其中的玄奥大多有着长期不怎么成功的历史（比如，考虑一下自毕达哥拉斯主义，经柏拉图主义、中世纪阿拉伯人，至文艺复兴时期的开普勒，数学解释在其中的重要作用）。全然不同的科学方法论和纲领出现了：托勒密的“拯救现象”之于假说演绎方法，或者培根的集体主义之于实验科学的后牛顿理论。我们最终确立的探究方法和解释方法，其出现、发展和之后的获胜都引入了进化的解释，当然，这种解释明显涉及的是理性选择而不是自然选择。而我们推定的常规策略蕴藏于其中的认知方法则是其不可或缺的组成部分。

总的来说，有两种进化压力在认知方面发挥作用。首先是对机制的自然选择的生物学的（达尔文主义的）压力，证明了它在满足需求方面的生物学效力。其次是对程序的理性选择的认知上的（拉马克主义的）压力，证明了它在这一方向上的实验效力。而在这两者之间，历史发展进程本身反映了我们的常规认知实践的正确原理的展开。因此，一个个体所传承的东西主要来自两个方面：源自父母的生物学传承，以及来自社会的文化传承。但是，在我们知识的发展中，后者成为决定性的因素。为了在任何理性行动者的共同体中建立并保持自身，程序的实践或方法必须在经验过程中证明自己。它不仅必须要在实现相关目标和目的的过程中具有某种程度的有效性，而且必须证明自身比其他同样可能的选择更有效。在理性行动者组成的社会中，手段-目的之效用的压力总会在打造文化选择（而非自然选择）的过程中发挥作用，以更少地被实现群体预期目标（其认知目标自然包含其中）的更经济有效的方式取代。我们的认知能力无疑是生物进化的结果，但我们使这种能力发挥作用的过程和程序则是文化进化的结果，在保持那些证明理论家有效且高效的过程和程序的实用倾向的情况下，通过理性引导的试错法，文化进化得以持续。[①] 理性的人执著于什么东西有效，而进步之迅速是由于合理性会得陇望蜀。当然，文化进化本身也是生物进化的产物，文化进化的形成与发展因而受到限定，毕竟我们的诸多本能、偏好和自然倾向都是通过进化而与我们融为一体。从有效体力的生物优势经济到有效智力的认知优势经济是一个简单而且容易的转变。

这里的要点是我们所有的认知方法和程序（显然包含推定的工具性）都是通过体现成功记录的文化选择而衍生的产物。它们的效验内在于它们的操作——它们之所以成为它们所是的样子，是因为它们在发挥预期作用方面极为成功。其存在恰恰标示了其效用，并且印证了历史和实用主义的影响，因为就理性选择而言，发展性的过程强有力地表明了合理的效验。[②]

对本章稍显纠结的论证作一简单总结是恰当的。这里所坚持的推定的合理效验在于以下几个因素：

（1）特定推定始终奠基于一般规则，而这些一般规则本身又反映了更一般的原则。

（2）这些原则提供了基于认知策略的一般实践。

（3）由于需要考虑有着不同目的的许多种合目的的语境，因而也就有很多不同的方式来为推定辩护。但认知辩护的模式，即一般结构，始终是相同的：基本上就是所涉及的特定语境中的合目的的效用。

（4）程序认知策略，以及实施的原则和规则，和其他任何操作方式一样，都同样是在功能有效性的本质上实用的和经济的基础上才变得有效。

（5）基于事实效用和有效性的理性选择，为这种合目的地例示出来的方法论资源提供了可靠的证据。

智慧生物的行为受控于其信念，就他们的认知实践而言（这种实践与所包含的推定相关），理性选择和认知效验是齐头并进的。

一开始我们服从或者说应该服从这样一种考虑，即所涉及的实践是目标-促进的(goal-facilitative)：初步来看它有助于我们某些认知目标的实现。最终我们得到或应该得到回溯性的重新效验的支持，而这又需要凭借如下因素的（本质上归纳的）支持，即在过去不同情况下采用这一实践时，我们成功实现

---

① 目前这些探讨与“表观遗传法则”有着密切的亲缘关系，这一法则主要见于 Michael Ruse's *TakingDarwin Seriously*（Oxford：Blackwell，1986）．唯一重要的分歧是鲁斯认为这里所涉及的法则具有显著的生物学基础，而目前的讨论认为其基础主要是文化上的。

② 关于一些相关问题的更多细节请参阅 Rescher，*A Useful Inheritance*（Savage，Md.：Rowman and Littlefield，1990）．

了相关目的。因此，所涉及的程序是一种重新效验，这种效验诉诸的是对实践中成功运用以及功能效用的历史记录的追踪。我们接受推定所依据的东西，其本身具有如下状态，即它是程序合理的一个基础性的宏大推定（mega-presumption），也就是说，处理特定情况的合理恰当的最佳方式是，解决问题要根据之前有效的程序的那些一般步骤。再强调一遍：我们的推定实践的辩护原理终究是实用的。有多少不同的推定的语境，就有多少不同的验证推定的程序，不会有一劳永逸的单一的辩护。不过辩护的过程，即达到它的路径，始终是单一且相同的：关于所涉及的特定领域的功能的、合目的的、目的论（functional/purposive teleology）的实用效力。

考虑到我们推定的实用辩护，认知推定领域是实践推理和理论推理因素的交叉口。那些认知推定实际上是通过维护我们认知利益中的使用可靠性而获得辩护的实践策略。

第五章　推定与探究

一、理性探究中的推定

有时候，如果不是诉诸推定，我们几乎无法获得有意义的输入，而这些输入对于回答我们有关现实状况的问题是不可或缺的。在可废止性实际上无可避免的整个事实领域，某种程度（不论多么小）的推定难以置信地依附于程序上有效的真理。只要我们考虑一下对事实领域的探究必不可少的观察输入问题，这一点就变得很明显。如果其状态始终都必须是确定无疑的真理，我们可能永远也无法取得进展，因为观察经验恰恰不是像那样起作用的。因此，如果一个"推论性推理的普通过程"在这里不解决，我们将陷入巨大的麻烦，因为任何这种过程都只能从真理中得出真理，而如果输入本身必须是确定无疑的真理，那么整个过程从一开始就会被破坏。幸好事情并非如此。一个探究程序显然并不是一个"普通的推论过程"：它必须提供一种有创造力的机制，能够产生（推定性的）真理而不要求原始输入为预先确立的（推定性）真理。显然，如果我们遵循理性推论程序只能从真理得出真理这一路线，那么我们将面临这样两个不怎么吸引人的选择：①接受一套非推论的自明的或自有效的真理的"初始设定"；②接受一种怀疑论，承认失败，并且放弃接受真理的理性效验的整个计划。这一两难能够通过诉诸推定而得到有效的处理。因此，推定体现了一种重要的认识论资源，任何情况下人们都必须为之留下一席之地，即使它并没有为信息空缺提供如此便利的补充。

因此，推定的策略能够通过为我们提供解决问题的材料而在探究中发挥重要作用。[①] 而在认知经济论的基础上，推定青睐的是普通而又自然的东西——在认知事务中，它倾向于一种方便且简易的操作。这样一种程序的结果并不是什么神圣不可侵犯的东西。通过最容易、最便捷的解决方式使我们摆脱困惑，

---

① 这是为什么坚持习惯成为认知理性与实践理性的一个基本原则。可对比参阅 William James, "The Sentiment of Rationality," in *The Will to Believe and Other Essays in Popular Philosophy* (New York: Longmans, Green, 1897).

这可能会使我们陷入错误，在最初的分析中充分适用的可能最终未必适用。但这却明显是一种明智的开始方式。

但是诉诸推定本身是否陷入了证实的无穷倒退？如果一个推定需要一个基本原理，而这个基本原理本身又需要一个基础来建立其本身的恰当性，那我们不就是作茧自缚了吗？未必！因为那个基本原理本身在特征上并不需要是认知的：它可以是实践的。它可以不依赖肯定性的证明而仅仅诉诸退而求其次的考量。有了推定，效用的证明性考量就可以事后进行：它们不必事先就完成。

在此基础上，我们就可以通过由推定的原则最初提供的真理评价来进行，最后在经验的基础上进行再评价，就像图 5-1 所示的那样。一个具有这一整体结构的探究程序避免了那种破坏性的循环，也就是将真之断言完全建立在在先的真之断言的基础上，同时又没有诉诸不确定的自明真理范畴。

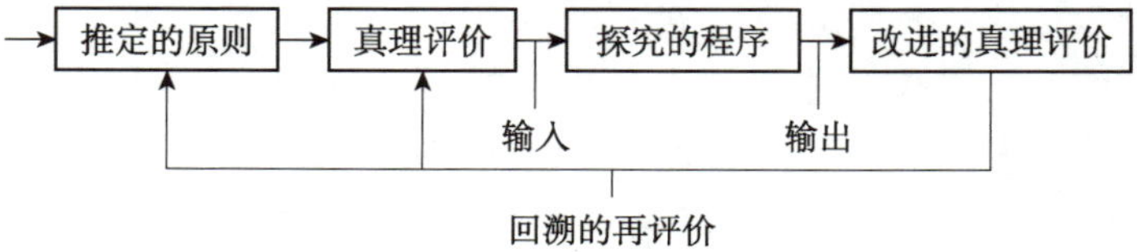

图 5-1　作为输入输出过程的探究

用来阐明探究中推定的过程的规则类似表 5-1 所展示的。这些最终都是回溯有效的，即通过那种探究的结果而回溯地重新生效的（事后的）。但在这一稍后的阶段，它们的认知状态改变了——虽然不是它们内容的改变。这些推定一开始所具有的只是临时性的和调节性的地位。但随后，通过从完全的尝试性到完全的安全性这一认知发展路线，它们能够得到一定程度的事实的/本质的证实。

表 5-1　理性探究中推定的某些规则

相信人类感官的证据，总体上也相信习俗信息资源的可靠性
按照看上去似乎如此的确乎如此这一原则行事
基于最有效的证据回答疑问；接受最强的论证所支持的结论
以合理性来解释人的行动；遵从这样的观点，即人是有理性的，他们做在他们看来有很好的理由去做的事情。

比如，考虑这样一条可作证据的推定，即相信我们可用的相关信息。这里面涉及两个问题。首先是理性的可靠性，也就是说，如果有一些证据（虽然较弱）表明一个事物是这样的，并且没有任何相反的迹象，那么我们就可以，也应该推定它就是这样的（因此，H. M. 史丹利才说“我想，你是李文斯顿博士”）。其次是推定青睐的是拥有证据优势的选择，推定的力量显然与证据权重相一致。因此，推定在理性探究中成为知识获得过程的关键因素。

二、推定和循环论证

谈到人类获取有关世界的知识的前景，思考其推理的过程是很有意义的，这一点在以“循环论证”（*diallelus*），或者说“回环”（*the wheel*），为标志的古代怀疑论时期就已经熟知，循环论证是恶性循环论证（*circulus vitiosus inprobandi*）的一种特殊形式。① 蒙田（Montaigne）提出了一种论证，我们可以用“回环论证”（wheel argument）来称呼它。

> 为了在事物表象（的真与假）之间作出判断，我们需要有一种区分的方法（*un instrument judicatoire*）；为了验证这一方法，我们需要有一个辩护论证；但为了使这一辩护论证生效，我们需要上述那种方法。于是我们就陷入一个循环往复的圈。②

这一论证的经典表述源自塞克都斯·恩披里柯（Sextus Empiricus）：

> 为了判定关于标准的争论，我们必须拥有一个认可的标准，我们应该能够通过这样的标准来对争论作出判定；而为了拥有一个认可的标准，我们必须首先解决关于标准的争论。当论证因此将自身还原为循环推论（*diallêlus*）的一种形式，由于我们并不允许他们通过假定而采用一个标准，标准的发现就成为泡影，而如果他们通过一个标准来提供标准的判定，我们就使他们陷入一种无穷倒退（*a regress ad infinitum*）。此外，既然证明需要一个证明的标准，而标准又需要一个已经被证明的证明，他们被逼入循环推论。③

---

① 关于这一论证可参阅 Roderick M. Chisholm, *The Problem of the Criterion* (Milwaukee: Marquette University Press, 1973).

② “Pour juger des appearances que nous recevons des subjects, il nous faudroit un instrument judicatoire; pour verifier cet instrument, il nous fault de la d'emonstration; pour verifier la d'emonstration, un instrument: nous voilàau rouet.” *Essaies*, Bk. II, ch. 12 (“An Apologie of Raymond Second”), p. 544 of the Modern Library edition of *The Essays of Montaigne* (New York: The Modern Library, 1933). 弗朗西斯·培根有着一名律师所特有那种精明，他甚至千方百计地将循环推论变成一种辩证法的武器，来对付他方法论上的反对者：“凭借……现在正在使用的推理，不论是对我的方法，还是对该方法所得出的发现，都不能正确地形成任何判断，因为人们不可能要求自身正在受审的法官还有审判权。”（*Novum Organon*, Bk. I, sect. 33）.

③ *Outlines of Pyrrhonism*, Bk. II, sect. 20 (tr. R. G. Bury) [Cambridge, Mass.: Harvard University Press, 1933 (Loeb Classical Library)]; compare Bk. I, sects. 114-17. See also the article on Pyrrho in Bayle's *Dictionary*.

总而言之，以其提交事实真理的能力来解决知识获取机制的充分性问题将是徒劳无功的。

这种思维进路的要点恰恰在于，这是一个恶性循环，因为我们没有通达于这种“真理”的独立法门。在理性探究中我们必须做的是自食其力，依赖于我们的推定原理但同时又对它们进行批判性的重估。我们首先暂时接受某些观点，这些观点的初始状态并不是业已证明的真理，而仅仅是似真的假定，它们在探究中提供的是（在目前这一阶段）某种调节性的便利。

很难夸大这一极为简单的推理路线的意义，它为怀疑论关于标准的论证奠定了基础，这一论证主要是表明知识的充分标准永远也不可能实现。提出这一论证的古代怀疑论者竭力用它来使他们的对头斯多亚派陷入混乱之中，而斯多亚主义者拥护某种真理标准。怀疑论者（其实）论证的是：

> 保卫者由谁来保卫（*Quis custodiet ipsos custodes*）？你将怎样去验证你的标准自身？肯定不是基于其自身，依据其自身？那不过是窃取论题。另有依据？但那只会导致无穷后退——就像古代神话中说的，将大地的支撑置于大象的背上，而大象又被置于鳄鱼的背上，如此以至无穷。你面临的选择是毫无吸引力的——要么恶性循环，要么无穷后退。无论选哪一条路，你都没有适当的方式来支持作为你认知活动的基础的真理标准。

这一辩护过程的逻辑结构包含一个反馈回路，从通过探究程序而被证明的真理回到一开始“纯粹推定的”真理，从而这些最初的、试探性的、仅仅似真的推定的恰当性能够得到再评价。

当然，事情并不总是称心如意的。这一过程显然使得回溯性的再评价成为可能，而这时候输出的东西能够对导致它们的提供输入的东西恩将仇报，将某些输入作为谬误而加以拒斥。一个初始推定很可能在漫漫征途中掉队。这是再寻常不过的，而且鉴于推定的纯粹尝试性的证明这一性质，可以预见这种情况应该要发生。但如果其发生是系统的而非偶发的——如果就这种后见之明来说，推定一般被证明是假的——那就是有什么地方出了严重的问题（但毫无疑问，人们可以取消为推定提供基础的整个来源，正如抛弃长期以来为梦、预兆、灵兆、征兆等赋予证明力的实践所表明的那样）。

这指向一个重新效验，以及何种推定的观点，用作输入的过程中的认知叠加的循环过程，因为探究程序逐步获得了一个增强的认知状态。与输入的这一回溯性的重新效验的结构相同的是对认知合法性的形而上学基础的重新效验所做的考察，这在之前的讨论中已经有所阐述。

三、推定及基础主义和融贯论的比较

一个基于推定的、融贯论的知识理论与西方认识论传统主流的更严格的基础主义进路形成鲜明对照。因为与基础主义不同的是，融贯论取消了对基础的、直接可理解的事实真理的任何诉求。它抛弃了有关事实的知识（甚至有关可能的知识）需要确定性的基础这样的观点。相反，它所采取的立场是，真理可以在额外的逻辑领域得到，这基于如下考虑，即纯粹的真理推定中的系统性的最佳适合（限定词“事实的”出现在这里是因为对于逻辑资源的工具主义的需求当然是受认可的，因为需要它们作为判断最佳适合的机制，毕竟逻辑必定被用于确定什么适合什么不适合）。这一程序与经典知识论者对关于事实的基本或基础真理的那种成问题的、最终徒劳的追求完全相反，因为任何类型的基础主义的困难都在于基础问题。如果它们是现象的（“我似乎看见我面前有一把钢制匕首”、“我认为他极有可能会来”），那么它们是主观自传性的而非客观事实性的。另外，如果它们是事实的（“桌子上有一个苹果”，它当然不可能有金子的本质，毕竟，苹果绝不是金子，即使我们去检验这一点），那么很难看出它们如何能够是基础的，因为它们本身的状态是成疑的。①

事实知识的基础主义进路因此面临一个两难：客观知识中需要探讨的那种观点缺乏认知上无可置疑的基础，而认知上无可置疑的观点并不产生客观事实。融贯论着手解决这一问题。与从少数前提开始演绎的直线推进不同，它提出紧紧围绕同一既定的前景和可能性，整理、改进、完善，直到最终得到一个发展更细致并且解释更深刻的解决方案。沿着这些路线发展的信息提取过程并不是进入新信息领域的那种，而是不断地对旧领域进行再评估和再修正，在我们不断的循环往复中巩固围绕我们最终结论的网络，获得对随之而来的精确的再评价的可靠的信心。

予料（datum）这一概念的作用在融贯论的方法论中极为重要，它是一种技术创新。诚然，这一概念并非与其日常使用，以及哲学家们（不尽相同）的使用完全无关，但与二者有重要的区别。一个予料就是一个候选真理

---

① 以前我在讨论中提出针对基础主义的这一批评时，一个谈话者曾责备我没有根据威尔弗雷德·塞拉斯（Wilfred Sellars）的论文“所予和解释的融贯性”［*Journal of Philosophy*，70（1973）］，而把这些观点归功于我后来这位同事，但是这些观点的提出是非常独立的，而且在我的著作《真之融贯论》（*The Coherence Theory of Truth*. Oxford：Clarendon Press，1973）中已经有表达，该书在威尔弗雷德·塞拉斯的论文发表之前已经付梓。

(truth-candidate)，一个虽未被直接视为真但却认为是潜在地或推定地为真的命题。正是在如下意义上可以说它是一个初步真理，即人们在伦理学中所谈论的显见义务（*prima facie duties*）——在这种情况下我们会将一个观点看成是真的，如果没有相反的因素在起作用。因此，一个予料就是一个要视其为真的命题，如果可以的话，也就是说，如果这样做不会产生任何麻烦或矛盾。

四、融贯论和真之断言的证据基础

布兰德·布兰夏（Brand Blanshard）曾在他关于融贯理论的阐述中写道：

> 即使命题要是真的就必须是彼此间相互融贯的，它们是不是可以在不为真的情况下不相融贯？……此外，一本小说、或者系列小说，比如高尔斯华绥（Galsworthy）的《福尔赛世家》（Forsyte Saga），可以创造一个由角色和事件构成的特定世界，既极端复杂同时又内在融贯，这会使小说本身减少虚构色彩吗？……和许多其他主张全面取缔的批评一样，除非有人持他所驳斥的理论，否则这一反驳会一无是处。但如果想要将融贯的理论说成是可靠地提出的，那显然是一种误解。那种理论并不是主张任何以及每一系统是真的，不论其如何晦涩与有限，它所认为的是，只有这样的系统才是真的，即它所包含的实在的和可能的每一个事物都是融贯的。就像某个几何图形，很难看出，如果忽略经验，人们如何能够从中找到一个系统仍将会使之为真的概念。①

布兰夏的立场基本上是正确的，如果融贯理论坚持“如果完全忽略经验，一个系统仍将会使之为真……”那么融贯理论其实是有缺陷的。在目前起作用的临时性的意义上，我们对予料的依赖是为了提供对“经验”的依赖这一必要条件。

这样一种予料就是传统意义上的“所予”。但所予的当然不是一个真正的真理，而仅仅是一个候选真理，是潜在地或者推定地为真：倘若这样做不会导致异常现象，那就可以视为真。如果是在这样的基础上的“所予”，那么一个推定就是一个临时性的评价，所代表的是我们最可信的候选真理，其可信性很可能被证明是不充分的，正如选手在赛跑中可能不会胜出。因而就其正确性而言，一个推定与其说是一个“所予”不如说是一个“所取”。

一个命题被视为予料与被视为真理是完全不同的，正如一个人作为总统候

---

① Brand Blanshard, *The Nature of Thought* (London: Macmillan, 1939), pp. 275-276.

选人与他作为总统，其差距可谓是云泥之别。总统候选人不是总统，予料不是真理。候选真理并不要求或假定真理：它们所涉及的问题是完全不同的。说一个潜在的真理是一个真理，无非是说一个未孵化的鸡蛋是鸡。将一个命题“接纳”为候选真理根本就不是真正的“接纳”，而是对该命题的一种高度临时性的和有条件的认知倾向，这种倾向还远远不是直接的承诺。予料并不是被确立为真，它所获得的支持仅仅源于推定可能被证明是真的，如果“一切顺利”的话。它号称是真理，但可能无力兑现这一“号称”。断言 P 是个予料不过是说 P 潜在地或推定地为真，也就是说它是一个候选真理，并不是说 P 实际上是真的，是一个真理。正如断言可能性或者或然性一样，断言予料（datahood）肯定不是，而且远远不是对真理的断言，再次强调：在真理的语境中，予料或“所予”有效扮演了“所取”的角色。

这种予料的推定性身份意味着这一概念当然不是随随便便地“开后门”的。并非什么东西都是予料：这一概念有其逻辑上的和认知上的要求。要成为一个予料不仅仅是成为一个能够设想断言为真的命题，而是要成为一个（在这种情况下）能够断言具有某种合理性的真：其断言必须是有充分依据的。如果不是建立在适当的基础上，一个命题就不能算是一个予料。所谓予料就是对“真”有恰当断言的那些命题，我们必须将能够合理作出的真之断言与那些纯粹理论上可能的真之断言区分开（不是每一个人都是一场赛跑中可能的胜者，只有那些真正“在赛跑”的人才是）。这样来看的话，一个予料就仅仅是一个有望成为真理的命题，其候选真理的地位是由推理的实用性保证的。一个予料仅仅是一个猜想。它并不只是那种“可能为真”或者“就我所知而言为真”的东西。将一个命题说成是一个予料就是对它采取一种明确的推定地承诺的立场，以便说“我提出接受其为真，这是类推所允许的并且可能与其他地方的承诺相冲突”。大体上，一个予料就是一个推定的承担者。

有时反对者会说融贯论不可能是真理的标准，因为我们很可能会得到一个差异巨大但同样融贯的结构，然而其本质之真被认为是单一且整体的。伯特兰·罗素就曾经这样论述道：

> 没有理由假定仅有一个可能的信念融贯体。充分发挥想象力，一个小说家可以虚构一个历史，与我们所知道的世界完美对接，但却与真正的历史大相径庭。用更为科学的话说，显然，用来解释我们所知道的关于某个对象的全部事实的假设往往不止一个甚至更多，并且尽管在这种情况下，科学工作者孜孜以求的是找到能够保留一个而排除

其他所有假设的事实，但没有理由认为他们总是应该获得成功。[①]

人们肯定会毫不犹豫地赞同罗素的核心观点：有些东西我们无法从根本上区分它是自身融贯的还是依自身融贯的。融贯很可能是，但并不必然是，真理领域的一个描述性特征：真理之间是融贯的。但其中没有什么东西能够阻止真理之外的命题也彼此融贯：小说也可以编得像事实一样天衣无缝，真理显然没有独占融贯性。“实际上，存在两个不同但同等全面的融贯陈述集，而在融贯理论中又没有任何办法确定它们之间哪个才是真陈述的集合，这种情况在逻辑上是完全可能的。”[②]因此，仅凭融贯并不能区分真理和谬误。当然也没有人说它能够区分。融贯论者始终坚持的是融贯加经验材料。这样的融贯并不仅仅是命题之间的融贯性问题（没有更进一步的问题追问），还是材料之间的融贯性问题（推定为真的命题）。作为一种真理标准它看上去并不是自身融贯，而是与经验材料融贯。这样的话就使罗素式的反驳成了无的之矢。

毕竟，融贯必须始终是与什么东西相融贯：就像短语“和……意见一致”那样，“与……融贯”需要一个对象。除非指定融贯的目标域，否则我们根本不会拥有任何融贯理论。在为传统融贯论者辩护时肯定会说，他们所坚持的是，对于他们而言真理标准并非缥缈无踪毫无限制的融贯性，而是非常具体的

---

① Bertrand Russell, *The Problems of Philosophy* (New York: H. Holt, 1912), p. 191. 或可比较莫里茨·石里克关于这一点的表述：“由于没有人白痴地认为小说里面的陈述是真的，而物理教科书里面的陈述都是假的，融贯的观点是完全错误的。也就是说，除了融贯之外还必须增加别的东西，即相容性赖以建立的原则（也就是作为事实而建立），而这本身又将成为实际的准则。”[M. Schlick, “The Foundation of Knowledge,” in A. J. Ayer (ed.), *Logical Positivism* (Glencoe, Ill.: The Free Press, 1959), pp. 209-27 (see p. 216)].

② A. R. White, “Coherence Theory of Truth” in P. Edward (ed.), *The Encyclopedia of Philosophy*, Vol. 2 (1967), pp. 130-3 (see p. 131) 对于融贯论的一个批评透彻地阐明了这一重要方面：“最终只有一个充分全面的陈述系统会被发现是融贯的，这就与关于融贯性和系统的本质的明显事实相违背；或许它让我们觉得确乎如此，因为我们是蹩脚的说谎者，迟早陷入矛盾两难之境几乎是注定的。但是，一个足够高明的说谎者，或者一个人有充分时间并且耐心遵循一些简单的逻辑规则，他最终能够为我们呈现许多系统，你想要多全面就有多全面，而所有这些系统都包含谬误。既然处理‘真理全体’这样的概念是可能的，那么合理概念的就是莱布尼茨那种无限多的可能世界，而不是过去融贯论中所认为的仅存在一个整合的系统，由其自身的全面融贯性充分地决定了其真理性……因此，如果我们从一个经验性（即偶然的）的信念或陈述 P 出发，我们将发现每一对更进一步的经验陈述，比如 Q 和非 Q，R 和非 R 等，其中总有一个能够与 P 相结合形成一个自身融贯的集合。每一个经验假定，作为一个偶然命题，都被包含在某个你想要多全面就有多全面的自融贯的系统中。而在经验性的信念或陈述 P 之为真以及 P 之为假（非 P 之为真）之间，其与其他信念或命题的融贯性，或者被包含于全面且自身融贯的系统中，并不能提供决定性的线索或基础。”[C. I. Lewis, *An Analysis ofKnowledge and Valuation* (La Salle, Ill.: Carus Publishing, 1962), pp. 340-341].

"与我们的经验相融贯"[①]。英国唯心论者的融贯论从未完全抛弃其哲学传统中与生俱来的经验论倾向。

因此，似真的材料这一概念在真理融贯论中发挥着至关重要的作用。它用来为"与什么相融贯"这一问题提供回答，而又无需设定现在的基础真理范畴。它为融贯论这一磨坊提供了所需的谷物，而本身又无需成为预先判定真理的产物。将材料仅作为推定的真理而加以信赖，就使得我们能够对融贯论加以考察，因为这时候融贯论不再是凭空生造出其真理主张（这是不可能的），而是有了一个本身并不要求预先对真理性作任何决定的基础。在这一基础上，融贯准则就能够提供真理发生即产生真理的机制——通过推定（推定地）产生真的输出，而不必要求真理也必须出现在所提供的输入的东西中。在使这一机制发挥作用时，推定的概念在理论认识论中发挥了至关重要的作用。[②]

---

① 参见 A. C. Ewing, *Idealism: A Critical Survey* (London: Macmillan, 1934), p. 238，以及他后来的文章《真之符合论》，在这篇文章中他写道："只有将融贯解释为与我们的经验的融贯而不仅仅是内部融贯，融贯性对真理的检验才是合理的。" [*Non-Linguistic Philosophy* (London: Allen & Unwin, 1968), pp. 203-204] 对于更早一些时候的作者，参见 H. H. Joachim 所说的："我们说，真是一种系统的融贯性，表现为一个有意义的整体。继而我们将一个有意义的整体视为'一个有序的个体经验，它自我充盈且自我满足'。" [*The Nature of Truth* (Oxford: Clarendon Press, 1906), p. 78]

② 关于真之融贯论的更多内容可以在我以此为书名的著作中找到（Oxford: Clarendon Press, 1973）。

第六章　缺省推理

一、缺省推论

缺省推理这一话题也包含关于推定之本质的有益洞见。在逻辑中，一个缺省就是在得出结论的时候采取退一步的立场——情况不妙时我们可以恰当地诉诸它。但逻辑上当然不能出错。那么这其中有什么奥妙呢?

传统的推论式推理是通过逻辑上有效的推论过程而进行的，这一过程是从而且必须从真前提得出真结论。这种推理将固有联系看成是即将实际接受或假定地接受的承诺。逻辑在既定的范围内发挥作用。相比之下，缺省推理超越了这点而进入未知的领域，它涉及前提和结论之间的信息鸿沟。因此，合理的（尽管有时是错误的）前提会导出合理的（尽管可能是错误的）结论。

在标准的（真值函项）逻辑中，推论规则的逻辑有效性奠基于输入-输出之上，一个有效的规则就是始终能够从真输入（前提）产生真输出（结论）。所有这种推论规则都会将前提的真毫无保留地传递到结论。相比之下，缺省逻辑的推论过程则有所不同，其前提的（实在的或假定的）真并不确保结论之真，最多只能保证结论在特定情境下的似真性。这种推论是扩展性的：结论能够超出前提所能确保的范围。这就意味着，这种推理可能是错的，而且有时候会从真理导出谬误。

我们用$\vdash$表示逻辑上有效的可推断性（logically valid deducibility），用$\Vdash$表示缺省推理中所涉及的似真的可推论性（plausible inferability）。二者的区别并非无关紧要。逻辑及推论中逻辑的使用告诉我们的是当环境命令它时我们该如何。相比之下，缺省是推定性的，它告诉我们的是，当环境允许它时，也就是说，在没有特定的相反迹象时，我们该如何。①

① 缺省这一术语引申来看，在控制论的语境中也是这样的。这里的策略被认为是将一个特定（在环境下通常的）条件当成是缺省的——如果要采用这个条件的话，只要对其条件的使用说明不再诉诸其他条件。

缺省逻辑的推论过程的一些例子是这样的：

（1）p 极有可能 $\Vdash p$。

（2）p 是极有可能的，q 是极有可能的，$\Vdash p \mathbin{\&} q$ 是极有可能的。

（3）有很强的证据支持 p 而反对它的证据则很弱 $\Vdash p$。

（4）p 在过去的实例中都成立，$\Vdash p$ 将在下一个实例中成立。

正如这些例子所表明的缺省推理的推论过程和如下一般结构的推论样式（其获得显然与传统逻辑中所获得的一样有效）如出一辙：

（1）在所有普通（通常、常规、平常）情形中，只要 p，就 q。

（2）p 在目前接下来的实例中成立。

（3）<当前实例是一个普通（通常、常规等）实例。>

∴ 当前实例中 q 成立。

很明显，第三个前提在这里发挥了关键作用，它通常是心照不宣的，因而是省略式的。一般而言，之所以能够这样做并不是因为我们已经确信它是被证实的真理，而仅仅是因为它是一个似真的（尽管是可废止的）推定，这一推定得到了有效证据的强力支持——尽管这种支持当然不是保证。因此，缺省推理基于这样一些论证，如果论证的所有前提——类似清楚明白且心照不宣的——都是真实可信的真理，那么这些论证就是有效的，但这些前提并不都这样，因为论证中至少有一个关键的前提仅仅是纯粹的推定。相应地，缺省推论就是省略式地基于似真推定的推理。这里所涉及的“可废止的推定”在经验上并没有被看成是一个业已确立的真理，而仅仅是临时有效的东西，只要没有相反标志的矛盾信息出现。

在这一背景下，过程是缺省推理的决定性特征，这一过程是：将一般（通常、常规、普遍、平常）情况理解为无时无处不在的情况，因而能够用于当前情形。

合理过程的一个显著策略或许可以描述为“充分性推定”：目前我们处理得最好的原则已经足够好了，如果我们必须做出选择，那么我们有权满足于我们目前处理得最好的。当然，没有人相信，“现有最好的已经足够好”是一个有效的一般原则。但是在这一基础上行事（如果势在必行）仍然是明智的。而这个一般策略具有极为广泛的影响。它意味着如果有朝一日我们有理由以某种方式解决一个问题，那么我们解决问题的基础就应该符合那个时候的最佳（即最强）理由。

在此基础上，一个缺省就是一个可接受的作为某种策略的观点，除非有某种明显的理由另做打算，这种观点的可接受性是基于该原则而不得已求其次。

缺省推理体现了过程的经济性：它反映了我们在最经济的基础上推进我们正在做的事情的一种策略。这时候无知是福：但凡没有很好的理由认为手头的实例是异常的，我们就推定它在缺乏明显的相反迹象的情况下就是一个普通实例。这样一种实践正是如下推定原则的结果：普遍有效地在当前也是有效的。这一立场是缺省推理的核心做法（modus operandi）。①

二、直面错误的可能

当然，不论我们的推定多么逼真，都可能会出错，因为当前条件可能并不是论证所需的省略式三段论的标准形式和典型形式。约翰·戈弗雷·萨克斯（John God Saxe）的诗作《盲人与象》生动地表达了这一点，这首诗讲的是几个盲人先贤的故事。“六个印度斯坦人/敏而好学/欲观大象（虽皆盲人）。”一贤触象之“宽广壮实”，乃曰此兽类墙；第二个人摸到象牙，喻之以矛；第三个人执蠕动之象鼻，邃比之以蛇；而第四人环抱象腿，信以为树；巨耳摇动使另一人以为象有扇之形；而第六位盲人因执象尾，以为象之形若绳。

故此印度斯坦人
争论既久且喧
各执己见
坚定不移
虽于部分皆然
而于整体皆谬

这些盲人先贤都完全弄错了，因为他们所掌握的事实是非典型的，不具有代表性，他们所得到的关于事实的实际图景，在某种程度上是片面的、误导性的。这并不是说他们不知道真相，毋宁说从他们所知的部分真相出发，一个完

---

① 缺省推理在推理理论和人工智能中都发挥着重要作用。关于这一主题及其影响可参见《劳特里奇哲学百科全书》中的“常识推理”词条以及 Robert E. Mercer, *A Default-Logic Approach to Natural Language Persupposition* (Vancouver: University of British Columbia, 1987)，也可参阅 Nicholas Rescher, *Plausible Reasoning* (Assen: Van Gorcum, 1976), and Rescher, *Induction* (Oxford: Basil Blackwell, 1980); Raymond Reiter, "A Logic for Default Reasoning," *Artificial Intelligence*, 13 (1980): 81-132; William L. Harper, "A Sketch of Some Recent Developments in the Theory of Conditionals," in W. L. Harper, L. G. Pearson, and R. Stalnaker (eds.), *IFS: Conditionals, Belief, Decision, Chance and Time* (Dordrecht: D. Reidel, 1981); Kent Bach, "Default Reasoning," *Pacific Philosophical Quarterly*, 65 (1984): 37-58; J. L. Pollock, "A Theory of Defeasible Reasoning," *International Journal of Intelligent Systems*, 6 (1991): 33-54; and Henry E. Kyburg, Jr., and Chon Man Teng, *Uncertain Inference* (Cambridge: Cambridge University Press, 2001).

全合理的缺省推理却将他们推进谬误的深渊。

但如果这样一种典型性推定的策略可能会让我们在谬误的歧途上越滑越远，它又如何能得到辩护？答案恰恰在于如下考虑，即所涉及的关键问题不是真之主张，而是策略或程序。这种程序之策略并不是在运思的理论（即事实的）步骤，而是在实践步骤或实用步骤中得到辩护。其效验的过程大致如下：

（1）当我们需要一个（令人满意的）答案而偏又心存疑虑时，我们采取的立场是……

（2）我们有权使用一个大有希望找到答案的前提（即该前提是有效的或者比其他可用的前提更有效），这是合理的，即使它可能偶然出错。

我们在此基础上继续推进，所服从的理念是除非出错，而当我们到达这个地步的时候，这就是我们赖以跨越的桥梁，诉诸“解释”和理由以指出实例环境的非同寻常（异常、特殊）。

正如在现实生活中我们不可能有条不紊地安排我们的各种事务而不冒任何风险，在认知活动中人们有时候也必须坦然面对出错的风险，因为完全不冒任何风险的策略不可避免地导致极端怀疑论的一无所获。而这种情况在归纳的语境中尤为突出。

三、作为缺省推理的归纳

“归纳”一词源于亚里士多德 *epagôgê* 的拉丁翻译，指的是从特殊实例推出一般的过程。[①]归纳所涵盖的领域不断扩大，它可以被看成是一个问题求解的策略，这一策略事实上涵盖了整个非演绎推理的范围。因此，我们来考察一个典型的归纳论证——从“所有我们已经检验的磁铁都吸引铁屑”到“所有磁铁都吸引铁屑”。将这一推理看成是基于如下前提的一个演绎论证是有极大问题的，这个明显为假的前提是：“所有已考察的实例中得出的事实就是全部事实。”可以说，这时候我们所拥有的是一个似真的推定，在缺乏具体的相反指示的情况下，将已有的实例看成是典型的和普遍代表性的，也就是缺省推理的一个例示。

而这只是一般情况。归纳最终并未成为准-概率推理的一种特殊形式。相反，它是在直接演绎推理的过程中使用似真的推定性缺省以达到似真的结论，进而为我们的问题提供答案。

---

① 参见 W. D. Ross, *Aristotle's Prime and Posterior Analytics* (Oxford: Clarendon Press, 1949).

这样来看，归纳并不完全是一个推论的过程，这一点不像基于推定的真值评价那样。我们显然希望以风险最小、问题最少的方式完成解释空缺的填补，这是由似真性的考虑决定的。这一点可以在下面的例子中得到说明：

（1）远处有烟。

（2）通常，有烟就有火。

（3）<当前条件适用于通常情况。>

∴ 有火。

或者，又如：

（1）样本中有三分之二是有缺陷的。

（2）<样本代表了全体。>

∴ 整个群体中有三分之二是有缺陷的。

[这里已经表明，需要用三段论省略式的默会前提（Tacit premise）来使论证在演绎上令人信服。]

这些论证对前提之典型性、常态性或类似性质的依赖意味着，任何归纳过程本质上都是冒险。归纳依赖面向前提的缺省推理，其结论因而始终都面临着更进一步的或更好的材料的风险，因为看上去典型的或者有代表性的可能在一定的时候被证明并非如此。

四、非单调性的缺省推理

缺省推理是基于前提的普通性、典型性或者其他这样的性质，由于这一事实，人们发现一个前提很可能确实合理地蕴涵了一个特定结论，但这一前提进一步与其他某些命题的合取却有可能无法得出该结论。这种蕴涵式成为非单调的，因为即使“如果 p 那么 q”成立，仍然有可能发生如下情形，即 p 实际上成立的时候 q 有时在某特定环境下不成立，于是乎

$$p \Rightarrow q \text{ 并不必然得出 } (p \;\&\; r) \Rightarrow q$$

附加信息能够动摇缺省蕴涵式。显然，单调性所描述的原则

$$\text{只要 } p \vdash q\text{，则 } (p \;\&\; r) \vdash q$$

在演绎中是有效的，这里 p 如果是假的则 $p \;\&\; r$ 不可能为真。但是如果我们将演绎的 $\vdash$ 替换为演绎的 $\Vdash$，情况就不再是这样了。因为缺省推理对于前提之普通性、典型性或者其他类似性质的依赖意味着，纵观这一领域新增信息能够破坏之前的论点。

考虑如下主张：

如果你身在美国，那么你可能身在纽约。

这当然是完全正确的。但像下面这样加强前件就不是了：

如果你身在美国，而且在得克萨斯，那么你可能身在纽约。

我们用非单调蕴涵关系得到的结论仅仅是推定，因为在做推论的时候我们必须推定不能出现如下情况，即某些尚未看到的、会改变结论的情形生效了。

这一态势也意味着非单调蕴涵式使演绎推理失效了：p 和 $p \Rightarrow q$ 的合取未必证明 q 成立，但可能只是建立了一个差不多的推定。①

因此，非单调性是缺省推论的一个标准特征，下面两个陈述的对比说明了这一点：

我要是往茶里加些糖就好了，那样就好喝一些。

我要是往茶里加些糖和辣椒粉就好了，那样就好喝一些。

或者，再比较这两个陈述：

你若以礼迎人，人必回之以礼。

你若轻蔑迎人，人必回之以礼。

毕竟，第一个蕴涵式实际上（但却是默会地）源于这一陈述：

如果你以通常的和正常的方式迎人，他就会礼貌地回应。

而第二个蕴涵式的前件违背了这一初始条件。

对于缺省推理，我们不得不忍受那种在标准逻辑立场看来明显有问题的推理模式。因为在标准逻辑中没有什么附加给前件的限制能够像这样取消一个有效的单调蕴涵式所蕴涵的任何东西：这里的前件仅凭其自身就足以确保其后承。但只要标准有效蕴涵式所具有的那种“必然的（始终的、不可避免的）”包含性的蕴涵开始削弱为“一般的（通常的、或然的、可能的等）”，单调性对真正蕴涵式的不可或缺性就丧失了。为了得到一个结论我们现在必须假定没有麻烦能够逃出我们的视野——未提及的事情改变不了什么。而这就总是把推定的因素置于舞台聚光灯下。

五、一些欣慰的思考

如果那些常态推定证明是不确定的又该怎么办呢？我们如何面对那些通过有可能被误导的推理而得到的结论呢？一个简短的回答是：慎之又慎！但是一

① 关于非单调推论参见本章第二个注释（译者注：原文为第一个注释，但明显有误）中所引文献。此外，大量关于人工智能的文献也提供了对相关材料的很好的处理。

个信息量更多的回答在于使那个结论变得模糊的重要前景，即使之具有更少的说明和细节。正如一开始所阐明的那样，缺省推理需要诉诸退一步立场的可能性。在经营我们认知冒险事业的过程中，我们总是能够退而使用模糊性及其内在的限定条件。

对于一般的东西我们有缺省推理，对于特殊的东西我们则有归纳，这样一来我们就要冒结论可能出错的风险，幸亏我们依赖通常性和典型性的（一般而言默会的）假定，虽然在当前环境下也可能是错的。然而，为了规避出错的风险，我们可以降低清晰性以保证安全性的提高。因此代之以如下推理：

（1）只要 p，q 就是高度可能的。

（2）在当前实例中，p 成立。

（3）当前实例看上去是一个典型的、符合主流的实例。

（4）＜这里看上去不存在欺骗。＞

∴ 在当前实例中 q 成立。

我们将代之以如下推理结论：

在当前实例中 q 很可能成立。

通过适当削弱结论，我们在朝往安全的道路上迈开了明智的一步。不过，可能并未回答是或否的问题，我们在面对这种问题的时候别无选择，只能（情况允许的话）冒典型性/通常性推定所带来的风险，这正是缺省推理的特征。

认知活动中的一些基本因素在这里开始发挥作用。毕竟，探究的一个基本特征是由如下观察揭示的：

论题 1：既然思维是模糊的，那真理就是可及的，即使面临谬误的可能。

因此，如果 B 的内容是一个模糊表达式，那么 B 之为假的某些方式不会使 A 为假（而不是相反）。

考虑如下情形，你正确地接受或者 p 或者 q，但我们假定这一析取之为真完全在于 p 之为真，而 q 完全是假的。然而，你接受或者 p 或者 q 只是因为你确信 q 是真的；p 碰巧实际上是你并不相信的。尽管你犯了错，但你的信念完全是真的。[①] 看一个具体的例子。你相信金霍先生是朝鲜人，因为你相信他是一个朝鲜人。但实际上他是一个韩国人，这是你会断然否定的。然而，你认为他是朝鲜人的信念无疑是正确的。由于上述析取信念的不确定性，你所犯的错

① 这种类型的例子表明为什么哲学家们不愿意将知识等同为真信念，即使这是受辩护的。

误尽管是确实的，但并没有糟糕到能动摇你的信念的真实性。

这个例子说明了一个影响更深远的问题。

论题 2：一般而言，一个判断的精确性或确定性与其安全性之间存在着反比关系，细节和可能性处于一种互补性的竞争关系中。

认识论的一个基本原则是，关于估计的正确性，我们要不断提高信心，这始终是我们要追求的，哪怕以降低准确性为代价。我们估计一棵树的高度大约为 25 英尺①。我们相当确信这棵树的高度是 25 ± 5 英尺。我们几乎认定其高度是 25 ± 10 英尺。我们完全而且绝对确信其高度为 1 英寸。② 到 100 码③，因为我们认为这是绝对确定的，其安全性毋庸置疑，和我们对世界上任何其他事物的确定一样，我们是如此确信，以至于我们愿意生活在其中。对于任何估计，在估计的证据安全性（在其可能性或可接受性的基础上是可决定的）与其所断言的内容的信息确定性（准确性、细节、精确性等）之间，始终存在一种特有的权衡关系。就是由于这个原因，较模糊和较散漫的陈述是更安全的，因为它们体现了更大的错误界限。安全性和确定性之间的这种关系可以通过一个曲线生动地描绘出来，这个曲线是等轴双曲线的一般形式（图 6-1），而这种关系同样存在于我们对真理的估计中。

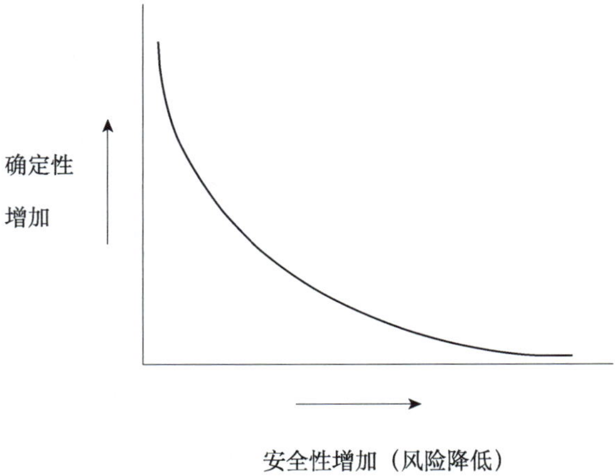

图 6-1　安全性/确定性之间的关系

一个命题所提供的信息的整体质量取决于其安全性与确定性的结合。考虑到测量安全性（s）和确定性（d）的恰当方式，这个曲线可以被看成是以 $s \times d$ 为常量而得到的一个等轴双曲线

① 1 英尺 =30.48 厘米。

② 1 英寸 =2.54 厘米。

③ 1 码 =91.44 厘米。

这一事态有着深远的影响。尤其是，它意味着关于客观实在，高度安全而又能够准确地并且细致入微地说清楚实际情况的陈述是不存在的。为了用语言来捕捉事物的真相，我们必须在“有保证的近似”这条路上继续前进。一般而言，我们能确信事物“通常”及“大致”是怎样的，但无法确信它们如何能始终，以及确切地是这样。这就将我们的推理推向这样的方向，即假定通常性和典型性等，这是缺省论证的特性。

但是不论实际情况如何，当前的考虑表明似真的推论为缺省推理提供了一个范例，它是作为标准演绎推理在不得不诉诸可能被废止的典型性推定时的一种操作而出现的。

然而，基于推定将可能被废止的论点接受为理性上恰当的论点，这是如何可能的？答案正如之前表明的那样，在于风险管理的一般原则。因为推定的问题在于它实际上并不是对一个普遍真理的认同，而是一个原则的实施，因而也是一个策略的采用。而这里的合理性，因为其他地方涉及实践的程序，它所依据的原则是潜在利益对潜在风险的顺差。在很多情况下，缺省推理最终为我们对于信息的实践要求提供了最佳的可能路径，这种实践要求就是以令人信服的和因地制宜的负责任的方式，回答我们需要解决的问题。

第七章　推定与信任

一、合作的优势

在日常生活中，缺乏相反迹象时我们一般推定别人是把他们认为正确无误的东西告诉我们。类似地，我们相信辞典、百科全书及参考书中所提供的信息，信赖医生和其他技术专家们的意见。当这种权威来源都显得无能为力的时候，我们的做法就要基于如下观念，即人们的行止使表 7-1 中的推定是似真的。

表 7-1　社会互动的推定

要相信人们是实话实说的
要相信人们会重言守诺，不会成心欺骗
要相信人们会承担他们的义务
要相信人们能够在劝导之下服从公共利益

是什么样的原则使这种基于信任的乐观的推定策略生效的呢？归根结底这是因为我们相信一个理性社会的自身架构就是要在这一方向上激发民众。因为通过提供一种引导使民众诚实坦率同时又对坑蒙拐骗之类的行为严加惩罚，进而创造一个系统促进诚信，这对于一个社会及其成员的实质利益的增加是显而易见的。

当然，所有这些诚信推定都是可废止的。我们很清楚像"人们总是实话实说"这样相应的普遍化并不奏效。但是基于前一章讨论的系统考查，为那些推定埋单的策略还是很有意义的。而我们也能轻易看出一种相反的做法，即对别人所申明的东西采取一种怀疑论的或不可知论的立场，将会是灾难性的。因为，如果不是基于"除非证明其有罪，否则就是清白的"而是基于"除非证明可信，否则就是不可信赖的"来对待那些我们与之交往的人，那么这个过程显然将会是极不经济的。这样的话我们就不得不诉诸没完没了的检验和测试，否则我们不会从别人的交往活动中获得任何有价值的益处。

话说回来，硬币也有它的反面。正如前一章所强调的那样，如果我们不对他人所申明的东西做出某种信任的妥协，那么我们就没有任何机会从他们那里得到有价值的益处，因而也就将潜在、有用的资源所带来的益处也拒之门外。经验会很快让我们了解到，即使是对于家庭成员之外的陌生人，在信任、信赖和可信性的问题上做出让步所带来的好处通常也大过其中的风险。毕竟，即使那些并不怎么在意与他人协同与合作的人，也会被建议要根据他们自己的利益来抑制他们的这一倾向。

因此，在这些事情上面我们是以两步走的方式展现推定的特征的：首先，要相信别人，因为我们没有其他更好的办法；其次，当支持性的证据出现的时候我们最终就会相信了。但一开始我们却要在黑暗中冒险一跃。

从表 7-2 的角度来考虑问题就可以清楚地认识到这一点。

假定这里涉及的每一个人都优先考虑如下情况，即他们在得到别人信任的同时又无需信任对方。而且他们都把付出信任而又不被信任这种情况看成是最糟糕不过的。然而，他们每个人都乐于相信以避免他们自己不被相信。与这些假定相应，我们得出了表 7-2 的互动矩阵所展示出来的整体情形。[①]（比如，这里的 2/2 项表示的是在这种情况下将 2 排列给我 2 排列给你。）显然，相互信任是最佳的可用选择——唯一合理的办法是避免大家都不愉快的 3/3。在这种情况下，合作明显是最佳策略。毕竟，我们的行为最终是相似的，因为情境的对称性，构成你以某种方式行动的充足理由也构成了我以同样方式行动的理由。（这是所谓理性之同一公正性的一个显著方面）

表 7-2　信任条件的优先情况

我相信你	你相信我	我的优先排列	你的优先排列
+	+	2	2
+	−	4	1
−	+	1	4

“这种普通人信念上的信任为什么应该要影响我？”这里有一个不怎么别致的回答：“我何以如此特殊以至于我不应该接受人人都接受的东西？”但更好、更深刻的理由是我相信他们的话会更恰当、更有利。在我们的人际关系事务（认知和实践之类的事务）的处理中，没有什么别的单个因素能够如此强

① 这种情况是游戏理论者所谓囚徒困境的一种。关于其解释可参见 Morton D. Davis，*Game Theory*（New York：Basic Books，1970），pp. 92-103. See also A. Rappoport and A. M. Chammah，*Prisoner's Dilemma：A Study in Conflict and Cooperation*（Ann Arbor：University of Michigan Press，1965）；Anatol Rappoport，“Escape from Paradox，” *American Scientist*，217（1967）：50-56；and Richmond Campbell and Lanning Sowden（eds.），*Paradoxes of Rationality and Cooperation*（Vancouver：University of British Columbia Press，1985）.

地支持信任他人的需要和愿望。而这一方法在这些交往事务中，不像那种竞争性的对抗情形，有着独特的魅力，在这些交往事务中，公共利益在游戏理论分析的其他语境中消失了，而利益冲突在其中扮演了更突出的角色。

相互信任的好处在涉及认知方面的事情时尤为明显。怀疑推定在人际交往中会制造巨大的困难，因为它拒绝相信别人的申明，保持一种不信任的立场。假定在对待其他人的时候遵循的是“除非证明可信，否则就是不可信赖的”而不是“除非证明其有罪，否则就是清白的”，显然，这是极不经济的。如此，我们就会陷入没完没了的验证之中，以至于我们从和别人的交往中几乎得不到什么有意义的好处。当其他人想要以同样的方式回应你的合作或不合作时，不论你认为在这种情况下他们合作的几率有多小，你还是会被建议采取合作的行动。

从理性经济的角度来看，在认知事务中，特别是科学语境下的合作研究会带来实质性的好处。对于研究者个体而言，它减少了劳而无获的可能性（尽管代价是不得不贡献发现的信用）。对于共同体而言，它预示着更加合理的劳动分工，通过减少重复性的工作实现更高的效率。只要行动者积极回应合作，在以后的情形中以某种回馈的倾向来响应其明显的好处，那么合作行为就会产生长期效益。推定之值得信赖在这种情形中是不可或缺的。

二、构建信任：一种经济的方法

在人与人之间的信息发展和控制中，信任赖以建立的过程可以通过经济学的类比而得到很好的理解，即利用信用概念的双重含义。我们从事认知事务的方式与银行从事金融事务的方式差不多。我们付出信任的时候一开始都是小心谨慎的，超越了怀疑在一开始所带来的这种推定的好处，信任离我们就不远了。当人们的言行举止使他们自己表现得非常可靠并且值得信任的时候，我们就会继续给予他们更多的信任并且放宽他们的信任限制。以负责任的方式回报信任，人们就可以在认知情形中提高他们的信任等级，就像在金融情形中那样。在这两种情形中存在着相同的作用机制：好信用的确认带来了进一步的信任所需的声誉；所赢取的信任就像银行里的钱，很值得我们想办法去保有它，也值得我们在眼下紧要之时仍尽力保持良好的名声。

这种情况不仅在自然科学的信息管理中会出现，在很多其他设定中也会出现，尤其是涉及我们日常生活中所使用的信息时。比如，在过多的时候我们总是信赖专家，将信任毫无保留地给了医生、律师、建筑师和其他专家。他们的表现也必须配得上这种信任，不仅是作为他们个人，而且更重要的是他们职业的特性。①

对于其他信息来源来说差不多也是如此。我们的感觉就是一个特别显著的例子，如我们对通过视觉和梦境获得的材料的不同反应。梦也是让人印象深刻而且看上去也十分重要的材料，那为什么我们承认视觉是可靠的认知来源而梦不是？就像人们脑海中的毫不犹豫地首先反应到的那样。显然这不是因为大量像鲜明、生动或者记忆深刻之类的优势。梦在神话和文学中受到的青睐表明，对梦感兴趣这一倾向显然是无可非议的。我们信赖视觉，不是因为其内在的优越性，而是因为它成功地以我们已经考虑到的方式建立起了我们对它的信任。我们不再仅仅因为省事而将我们关于现实的判断建立在梦的基础之上。

当然，我们不仅在人当中找到信任，在各种认知来源中也能找到信任。因为对于我们的信息产生技术而言，如望远镜、显微镜、计算机等，情形并非是完全不同的。我们首先要付出某种信任是因为我们必须这么做，毕竟这些工具是我们进一步仔细观察月球、细菌等事物的唯一方式。但随后我们增加了它们的信用级别（在最初盲目的信任之后），因为我们最终领悟到，一开始按照这条路往下走对我们是非常合适的，这是一种后见之明。随着我们一步步深入，当我们回过头来看的时候发现，经验的过程表明我们有理由认为它们是值得信任的。就此而言，人之值得信任与工具资源的可信性具有高度的可比性。

这一可信性推定是通过对于其他事物之值得信任的推定而得以展现出来的，它阐明了效验的这一经济/实用路线。对比两个假定的共同体：信者与不信者。信者的行为准则是："自身坦荡，同时也认可别人说的是真实的"——不管是不是在缺乏合作、协调，甚至没有有效的沟通的情况下。不信者的行为原则是："以欺骗立身，并且以同样的视角看待其他人的断言，如同在谎言和欺骗中冒险。即使是貌似忠厚，那也不过是他们在试图使你陷入对安全性的一种错误幻觉中。"这就很显然，不信者的策略将交往的任何前景都破坏得干干净净。通过交往和交流来增加信息，以提高我们的知识，如果这就是我们事业的目标，那么不信任的过程就完全是事与愿违的。和在金融贸易中一样，在智力领域中，信任对于维持公共利益体系是至关重要的。

---

① 对比 H. M. Vollmer，D. L. Mills（eds.），*Professionalization*（Englewood Cliffs：Prentice Hall，1966），这种信任一旦建立就通过制度性的手段而受到普遍保护和维持：许可证审批程序、资格培训、专业社团、职业实践守则等。

三、认知信任的基本原理

在缺乏明确的相反证据时，我们的标准认知实践中包含了初始可信性的许多基本推定。这就导致了表 7-3 列出的各类推定规则，我们已经通过之前的讨论对此有所了解。应当强调的是，所有这些实际上都是基于信任的，都在我们的信息来源中：我们的感觉、我们的信息提供者、我们的方法等诸如此类。我们的认知推定始终是关于可信性的推定。

表 7-3　认知信任的推定

要相信你自己感觉的证据
表面上承认其他人的申明是真的
要承认像感觉和记忆这些常规的信息来源的确定性
要承认在其专业领域受认可的专家和权威的申明
要承认规范使用的认知工具和手段（如望远镜、计算器、参考书、对数表等）的可信性
要接受那些能够对你的问题提供最强证据支持的回答

当然，这里我们也很清楚关于知识生成的各种高度便捷的概括往往是错的：

（1）似乎如此的确乎如此。

（2）人们说的都是真的。

（3）与材料相符的最简样式其实就是正确的样式。

（4）当前最适用的理论是有效的。

我们认为这种论点并不成立，不论它们表现的有多么完美。然而，我们倾向于，而且被建议去接受这些作为推定原则的观点。我们遵循的元规则是：在缺乏明确的相反迹象时，就继续当这些原则是真的。这些推定原则体现了理性主体处理认知事务的方式。不过我们采取这种实践的原因并不是我们能够在某种程度上建立其正确性，而是采用它们所带来的成本效益是如此巨大。对我们的感觉、我们的研究同事、我们认知机制的信任的辩护最终在于经济合理性的考量。而这样一种情况在很多其他语境中也大行其道。比如，如何培养有能力且可信赖的名声呢？其秘诀就在于，使用和分配阅读时间等情境中这种资源的成本效率。①

那些常规认知推定的辩护，并不是实质性概括的一种事实辩护。“以这

① 关于这个问题，参见 Thomas Sowell，*Knowledge and Decisions*（New York：Basic Books，1980），especially the discussion of “Informal Relationships” on pp. 23-30.

种方式行事，你就会得到正确的信息。”毋宁说，这种辩护是方法论的。“以这种方式行事，你将在认知活动中事半功倍；所得与所获在整体上将大过风险、损失和代价。”因为所有这些认知实践显然都有基本的经济上的效验。通过我们在事物的世界格局中所处的位置，在我们所致力的探究计划的设定中，它们都是有成本效益的。它们是保证材料安全的最经济（并且最便捷）的方式所具有的特征，这些材料是解决我们的认知问题所需要的，因此保证这些材料的安全也就是捍卫关于我们生活于其中的世界的问题的答案。因此，我们能够发现基于理性经济而建立的信息产生和信息关系规则的意义：它们的流行是因为与其他可供使用的选择相比，它们提供了明显具有成本效益的选择。

诚然，受骗与犯错的风险贯穿于我们的整个探究之中，我们的认知工具就像所有其他工具一样，从来不是万无一失的。尽管如此，审慎的信任这一总体策略具有显著的成本效益。在探究中，我们不可能研究所有的东西，所以不得不于某处开始而又不得不将信任投注于某对象。但我们的信任不必是盲目的。最初的信任给予是基于纯粹的直觉或倾向，它最终会得到验证，并且也能变得恰当合理，这是通过一个验证的过程之后发现的，虽然是一种后知后觉的智慧，但这个验证的过程能够在适当时候为这种回溯性的效验提供令人欣慰的再保证。

这一事态具有启示意义。一个推定原则代表了一种认知策略。而这种策略允许有两种辩护：①提供基于一般原则的原理；②证实其有效表现的历史记录。就信任的一般策略中的可靠性推定而言，这样一种效验在两个方面都能推行。①

有时候人们认为基于信任的认识论是对比性的，有别于基于证据的认识论。这一观点是成问题的，因为这中间没有绝对的区分。纵观整个事实探究的领域，我们只有通过我们的感觉、我们的资源、我们的方法才能获得证据。可信赖性就是我们一开始就可以推定的东西，我们也必须通过经验最终提供证据证明它。然而经验本身只是被相信的时候才具有认知上的意义。

四、相信的相互作用及其整体利益

只有通过基于相互信任的合作我们才能解决问题，而这些问题的有效解决

① 关于本章主题更深入的考量可以参见 Rescher，*Cognitive Economy*（Pittsburgh：University of Pittsburgh Press，1989）.

所需要的远远超过我们任何一个人所能达到的。在信息的累积和管理中，人们总是不断地被推向合作性的社会实践系统，以奖励和惩罚的运作原则来巩固并支撑集体内的团结和相互支持。在这种劳动分工中，信任实际上源于定制而成的协议，这种协议用来指导人们在友好合作中的具体事务。

信任其他人观点的常识策略因此就包含了一种复杂的原理。一方面归纳地依赖回溯性的证据基础，因为就那些适合于基于常识的共识的问题而言，我们几乎不会因采取常识路线而误入歧途；另一方面，它可能又适合严格的实践推理，因为在这些问题上我们往往需要答案，而常识是我们最有希望的求助对象。此外，它还能在社会基础上得到验证，因为单个人不可能存活，必须抱团，创造同伴间的相互信任与团结对于人类的生存与福祉是至关重要的。毕竟，对常识的依赖是友爱信任所不可或缺的，而友爱信任的产生与维持对于人类福祉又是必不可少的。拒绝常识就是在信任的大厦中制造裂痕，而信任乃是我们安身立命的根本。

言必信——信任他人使得商业和贸易的世界得以运转，没有信任就没有经济繁荣发展。日常生活事务莫不如是，如果我们不愿意相信别人的判断和观点，至少在普通的日常事务上，我们人就不可能得到能够很好地指导我们的思维和行动所需的那种定位和指引。

日常生活中对信息的追求类似经济活动中对财富的追求。如果废除“言必信”的原则，股票或商品期货的金融市场就会自行崩溃，因为没有人会知道一个贸易是否会实际发生。也正是通过这种方式，如果人们的诚实完全无法依赖，信息市场同样会自行分崩离析。因此，在这两种情形中，不可靠的人无疑会被集体扫地出门。认知情形和经济情形是类似的，相关共同体通过奖励和惩罚（认为施加的代价或好处）来推行一个系统，在这个系统中，人们总体上能够以可信及可被信的方式行动。

五、常识的推定可信性

那些我们与之打交道的人都知道常识的事实，他们被认为具有关于常识事务的知识，我们完全可以理性地将其视为一个合理的推定，也完全可以推定那些常识的事实是真的。

但常识何以能获得这种证明的权威性？为什么常识终究要被尊重？精明的人不是比那些普通人了解得更透彻吗？

常识的可信性与如下事实密切相关，即它的有效性仅限于一个非常小的领域，其实总体上就是基于人们日常生活的一般过程。常识的关键是普通人在对现实世界的功能需求作出回应时通常所想的和所做的。能够根据常识来考量的问题既不是科学和工程的技术问题，也不是经济学和社会规划的那种极端复杂的问题。毋宁说这种问题涉及的是我们日常事务以及每天生活琐事的普通过程这些领域中发生的事情。而正是由于常识是基于人类整体的普通日常经验，而大多数人肯定是普通日常个体，所以他们所代表的领域是不包含专家意见的，在这个领域中，那些饱学之士并不比平头百姓更占优势，这无疑让前者感到惊愕。

当然，必须承认的是，在任何以及所有实际上允许专业知识存在的地方，专家知道得更多。尽管如此，允许专业知识和抵制专业知识这两个问题之间还是存在着一个重要区别。毕竟，日常生活的日常问题我们的普通经验就能解决，这里面没有专业知识；这里的常识就是我们的最佳资源，正因为如此它应该受到重视。（这本身正是常识）博学者教我们其他人所知更多的当然不是日常生活中那种明摆着的事实，而是关于技术问题的信息。但这些技术性的东西从定义上来看并不属于常识的领域。

常识信念只包含普通人对普通资源的明显的（普通的）信念，主要是关于观察、自我意识、推理及普通经验等这些日常的东西。说某个观点“不过是常识”也就是说随便一个人都将会并且应该会将它看成是无可争辩的事实，几乎就是自明的。在普通人看来，对这样的事情提出质疑会让一个人看上去要么是傻了要么是疯了。的确会存在这样一些问题，科学的精密能够解决与常识的关联。但这样的问题肯定是少之又少的。就此而言，常识有点儿类似纽拉特（Otto Neuarth）在海运途中边修边走的航船。船上烂掉的板子可以时不时换一下，但如果有人想一次换很多，或者在关键部分动手脚，那整个船可能就朝不保夕了。

如果常识是一个有效并且可靠的向导，那这仅仅是在日常问题的范围内才是这样，常识并不能解决有难度的问题，它不多不少也就能为普通问题提供直接的回答。因为正如拉舍利埃（Jules Lachelier）的敏锐观察：“既然（总体而言）人是理性的存在，那么很可能人们的总体看法（至少在那些整体上对人有影响的事务中）就不会是不可理喻的。”①

常识也适用于进化论。按照自然选择的进化论原理，决定有机体类别（生物种类）的特征是自然选择的结果，这一过程遵守的是在繁殖中淘汰不适

① J. Lachelier in AndréLalande, *Vocabulaire de la philosophie*, 9th ed. (Paris: Presses Universitaires de France, 1962), p. 971.

者，也就是（生理上）不适应在一般环境条件下生存的那些。相比之下，按照文化选择的进化论原理，不同认知工具是理性淘汰的结果，不适应的工具无法有效发挥它们所预期的功能，并在文化传承中被淘汰。在此基础上，"常识信念"不是在生物学上被烙印在人类心智的生理/生物学组织上的，而是在文化上被烙印在人类文化的理智/认知结构上的。它们反映的是人类的一般思维态势，但不是基于生理因素，而是基于文化认知方面的考量。它们是经验的成果——人们长时间、大范围的经验总和，通过提供满足集体所需的信息而在文化生存的斗争中取得胜利。

诚然，这种基本的常识信仰（如我们关于物理事件之因果效力的信念）并不是（正如托马斯·里德所认为的那样）以身体为基础的人类本性的某种内在原则的产物。毋宁说，它们产生的原理是基于依赖理性选择的人类文化。从物种的角度来看，常识原则并不是普遍的生物学烙印，而是文化上进化出来的共性的东西，建立在集体经验的基础上，其常识的真理性反映了人类经验的结构。不过，即便是共同经验也未必是一贯正确绝不出错的资源，它是那种在日常事务的绝大多情况下会（考虑到它植根于极其广泛的经验，它必定会）产生值得信赖的结果的经验。

六、风险问题

不可否认的是，信任并不是万能的。只要是实践的或认知的事情，信任就有可能误入歧途。特别是，我们的探究过程中始终存在着受骗与犯错的风险：就像所有其他工具一样，我们的认知工具也都不是万无一失的。不过，审慎的信任这一总体策略仍具有显著的成本效益。在探究中，我们不可能研究所有的东西；我们不得不于某处开始而又不得不将信任投注于某对象。但我们的信任不用是盲目的。最初的信任给予不过是基于直觉或倾向，它最终会得到检验，而后见之明最终也能证明其合理性。这个检验过程在适当时候使我们能够放心大胆地使用这种回溯性效验的保证。在认知事务中，审慎的信任这一整体策略在产生良好结果方面具有明显的成本效益。毕竟，没有一致同意的初始推定我们不可能从事认知活动——探索关于世界的信息：这些初始推定让我们不禁想起康德的"唯一条件"（conditions under which alone），如果能够为关于世界的问题的答案提供保证，那么这种保证本身就是合理的。

在相信感觉、信赖他人的时候，甚至在清醒理智的时候，我们也始终是要冒险的。只要生活中我们有所置信，我们就有被辜负和被伤害的风险。

不过，我们似乎完全有理由将赌注压在感觉的整体可信性、伙伴的整体可靠性及理性的一般效用上。在这些事情中，不存在绝对的保证。但人们不妨冒一下险，即使冒险失败，也不用苦于寻找原因，因为我们没有其他更好的选择。这种事情没什么选择，即“非此不可”的情况。如果我们想要回答事实问题，我们没有什么真正的选择，只能去相信事物的自然秩序在认知上的合作倾向。

诚然，不可能在事件发生之前，通过某种方式证明这种信任实际上是有保证的，从而预先建立起这种信任的恰当性。毋宁说，其基本原理是这样的，没有它的话我们就去除了一个唯一的基础，正是在这个唯一的基础上，像我们这样的生物才能够充满自信地过一种有效思想、有效行动的生活。在这种情况下，实用理性迫使我们冒险相信理性，这并不是因为它不会让我们遭遇失败，而是因为这样做的时候我们损失小而收获多。

信任当然也能使事情变糟。当我们有所置信的时候我们迎来机遇（尽管最初当然是以一种小心翼翼的方式）。但人们同时也必须要看事物的另一面。绝对安全的稳健策略要求不接受任何东西、不相信任何人，但这样下来我们就只能是两手空空。要求绝对安全需要付出可怕的代价，如机遇溜走、利益损失、运气不再。有所授信以及初始信任，这样的认知策略具有内在的风险，促使我们接受这种有风险的策略的，并不在于它们提供了免于风险稳赚不赔的押宝，而是在潜在利益和潜在代价之间，它们提供了相对其他选择而言更好的权衡。推定这一认知策略具有这种基本的经济合理性，而正是这种经济合理性成为其最终的保证和担保。

因此，当认知需求和意愿足够强烈时，鉴于这种策略在知识探求中所具有的明显优势，任何相互合作的、理性的、专注的探究者集体最终都会形成各种各样的共同体，并通过信任与合作的共同实践结合在一起。[①] 因为我们所谈论的策略正是我们需要的那种。毕竟，只有通过基于相互信任的合作我们才能够解决那些任何个人都无法解决的问题。在信息发展和管理过程中，人们不断被推向合作性的社会实践系统，以奖励和惩罚为运作原则，巩固并支撑集体内的团结和相互支持。在这种劳动分工中，信任就其所有意图和目的而言，实际上

---

① 探究语境中信任与合作的理论问题，相关文献事实上是没有的。但涉及一般的道德问题的话就不是这样了。比如，可以参阅 Robert Axelrod，*The Evolution of Cooperation*（New York：Basic Books，1984）；David Gauthier，*Morals by Agreement*（Oxford：Oxford University Press，1986）；Raimo Tuomela，*Cooperation*（Dordrecht：Kluwer，2000）；Nicholas Rescher，*Fairness*（New Brunswick，N. J.：Transaction Press，2001）.

源于人与人之间约定而成的契约，这种契约用来指导人们在友好合作中的具体事务。

七、专家的推定可信性

专家知识的领域中存在一种初步的信任。专家知识的关键在于承认权威性：它以关于那些“专家”在其专业知识领域范围内的判断的正确性推定为中心。这里的专家知识涉及一种洞察和接受，针对的是某个个人所宣称的可信性，在其他有见地的人中间受到何种程度的认可。因此，声望是接受专家知识的关键。

但这里必须要做两点重要的说明。首先是专家知识本质上是高度局部性的——不能也不应该认为它超出了界限明确的特定主题的范围。但凡理智地求助于专家都必须认识到这中间有特定的限制，因为丰富的经验告诉我们，专家知识不会从一个领域迁移到另一个领域。

其次是当我们在具体情形中信赖专家判断时，我们要自己承担责任。作为一名专家，他的声望仅仅表明该个体在当前情形中的可靠性。现有的专家知识的确为当前情形的正确性推定（从根本上说却是可废止的推定）提供基础。但这一推定是可废止的，它的使用是试探性的。当我们在特定情形中视其为有效的，我们自己（既不是专家也不是笼统地指认他或她之类的其他人）最终要为我们所采取的这一决定负责。接受专家的建议是一个非常明智的举措，但我们所做的这件事情全由我们自己负责，也必须因此服从于相关的保障措施。

科学的情况在这方面尤为明显。当代（后现代）世界的很多人都谈到“科学权威的没落”①。这里的权威和其他地方的一样，是和特定领域相联系的。毕竟，科学的目的并不在于为我们指明方向，而是告诉我们如何更有效地到达目的地，只要我们在这一不可或缺的预备阶段下决定。当问题涉及自然领域的事情（如世界运行的方式、时间和原因）那么科学就是其中的本质因素。茶叶占卜和通灵板在这里对我们毫无益处，在这类问题上我们除了依靠科学没有别的有效选择。但是，价值问题、目的和目标问题就另当别论了。

如果你提出一个科学问题，那么不管是不是后现代的，你都必须满足于一

---

① 可以参阅 Richard H. Gaskins, *Burdens of Proofin Modern Discourse*（New Haven：Yale University Press，1992），pp. 106-107.

个科学的答案：即便存在一个更好的去向，也没有人告诉我们那是在哪儿。但是，如果你因为科学没有为你所提出的超出科学事实性之外的问题提供答案而弃科学如敝帚，那就不仅是任性了，而且还是愚不可及的。①

① 在实践决策方面的问题中，科学会（或者应该）能够告诉你所有的风险大小。但是是否值得冒这个险就不是也不可能是科学要解决的问题了。

第八章　推定和交流

一、交流推定

在缺乏任何相反证据的时候，我们仍旧推定，人们的所作所为是以理性为基础的，将怀疑的益处限定在合理性的范围内。我们采取这样的立场，即人们如此这般行动的充分理由的基础是什么，这个问题的解释是这样的：他们如此这般行动是因为印象中他们觉得这样做会带来一些好处，对他们自己或者别人有益。因此，当需要解释某人何以做了某事，我们只需要明确他们这么做在理性上是恰当的就够了，在这样的情形下任何有理性的人都是会这样做的。我们推定人的行动是理性的。只有在最终迫不得已的情况下我们才会断言，人的行动是基于超出其理性控制范围之外的力量或动机。因此，和其他地方一样，这里主要是常态推定在发挥作用。我们充分意识到人并不总是理性的，同时也发现（幸好）人是如此的平凡普通，能够以此为基础自由前行。在缺乏明确的相反迹象时，我们承认人们由怀疑而得到的好处，将他们看成是理性行动者。显然，过程的理性经济性在这里发挥了作用。

认知上的便利性是这其中的关键。我们无法在其中进行交流与合作的世界，对于我们人类而言并不是一个很安全的世界，所以进化过程驱策我们走向越来越复杂的交往与合作。如果不假定对方具有（相当程度的）理性，我们不可能与之交流、与之合作。因而，其本质的高度实践性对于合理性推定的解释有重要贡献。

此外，我们用于刻画我们生活于其中的世界的自然特征和人工特征的很多一般概念（generic concepts），其中较为突出的有，具体的特殊性、合规律性、功能性、规范性等，通过我们所掌握的取证方式（evidential instrumentalitics），这些概念的运用必须超越我们实际所能拥有的信息实际上得到的，甚至是我们所能够得到的信息。但是，是怎样的原理使得其运用能够付诸实施呢？又是什么使得其运用能够跨出那超越事实的惊人一跃呢？

这里的回答是，全部都是基于推定的实践——承认我们手中所掌握的信息中并未实际给出的东西。因此，考虑如下推理过程：

这东西看起来像是一只鸭子。

它的叫声像鸭子。

它的步态像鸭子。

因此，它就是一只鸭子。

这个推理显然不是有效的演绎推理（机器鸭子一样能做到这些事情），也不是有效的三段论省略式。诚然，我们的推理所依据的观念是，似乎如此的、确实如此，但这很难真正成为事实。我们所能增加的任何能够用于充分并且完全地填补推演空缺的前提，肯定都不会是真的，比如，凡是看上去、叫起来、走起来像鸭子的实际上都会是鸭子。实际上，没有任何认识论上有效的真理能够被我们用来填补这种推演上的鸿沟。

这里的问题与其说是推论不如说是借由推定完成的跳跃。这一论证之所以能站得住脚乃是因为一种特定的实践策略：只要没有相反的迹象出现，就把表现得（足够）像鸭子的都当成是鸭子。这是一种实践（praxis）而不是某种类型的事实主张。凡是看上去、叫起来、走起来像鸭子的实际上都会是鸭子，这一主张是错误的，对此我们心知肚明。但在通常情况下（没有明显的相反迹象），我们勇于采用这种在推论上有跳跃的策略并不是因为我们这样做的时候不可能出错，而是因为我们通常会是正确的。

超越经验的跳跃内在于我们的认知推定，它正是“归纳”过程的一个部分嵌入到我们的语言使用中，成为我们就我们生活于其中的世界而彼此交流的工具。这些在断言的时候具有高度推定性的交流资源，其效验归根结底在本质上是实用主义的，而不是逻辑的和语义的（logico-semantical）。认知功用在这里再次成为关键。

如果不是依赖语言推定，即有别于真值条件的使用条件，以归纳为基础的交流将寸步难行。我们的客观断言及其所断言的内容，这二者的确然性保证（secured warrant）之间存在鸿沟，这一鸿沟没有任何别的办法能够填补。为什么我们能够遵循业已指明的道路前进，原因就归纳地嵌入我们所使用的语言结构之中，我们用它来阐明我们关于世界的各种事务的主张，这些主张是包含信息的。在定义并详述我们的语言使用时，内在性是基本的定义方式。

二、真值条件和使用条件

围绕有关世界的事实而进行的交流活动是以如下策略为基础的：通过多种

程序推定在真值条件和使用条件之间，即我们实际上所主张的与不同环境中我们掌握的信息所能提供的之间，保持适当的协调。

超越推定的信息原理深深地植根于语言的交流模式（*modus operandi*）之中。由于承认使用条件和真值条件之间的关键区分，任何充分的语言理论必定都接受语义学和语用学的区分。使用条件包含以使用者为导向的环境，在这样的环境中，使用某种语言的人能够恰当地、可靠地断言这一语言中的某个句子。相比之下，真值条件详述的是以实在为导向的环境，这种环境必须用于宣称为真的句子。前者为作出相关断言提供了操作准则；后者表明了必须用于使一个陈述正确（也就是成真）的客观环境的整个范围，包括由该断言必然得出的推论结果的范围。

真值条件所依赖的环境是那种必须用于使一个陈述为真的环境，正如例子“不存在女巫”，与之相应的世界是一个没有女巫的世界。在此基础上，逻辑上被一个既定观点蕴涵的任何主张，不管它是什么，在该观点的真值条件中它都是站得住脚的。假定结论 C 由陈述 S 推论得出：S 蕴涵 C。那么，显然，非 C（换质位法）蕴涵非 S，因而 C 之得出事实上就包含在 S 的真值条件中了。一个陈述的真值条件因此就包含了使那个初始陈述为真的诸必然条件的全部总和。

相比之下，语言的使用条件包含作出相关断言的授权标准（*authorizing criteria*），因为这些条件指定了认知或认识环境的类型，这样的环境使得一个陈述能够在其中被适当地（即可靠地）说出，语言使用者于其中做出那些宣称的环境是有序的——包括进而何种类型的环境会取消这种授权。① 使用条件不仅包含证据条件，而且还包含交流环境的一般设定，在这样的交流环境中，一个特定的断言在相关交流实践的设定中被验证为适当的。因此，交流策略在这一语境中发挥了关键作用。因为真值条件处理的是概念事实，而使用条件处理的是语言属性。

使用条件关注的是证据条件，在证据条件中能够恰当地宣称一个陈述被实现，当然，这就好比有关巫术及其做法的一般知识的现状中的情况。当我看到杂货店的箱子装着貌似苹果的东西而旁边的标签上则写着“新款苹果电脑（Fresh Macintoshes），每磅 30 美分”。我恰如其分地认为“那些东西是苹果”这一断言的使用条件得到了完全充分的满足。但是，真值条件当然又是另一回

① 诚然，推论关系可以通过任一方式实现——既有真值蕴涵（truth implications）也有使用蕴涵（use implications）。后者导致了格赖斯提出的“会话含义”（conversational implicatures）。参见他的遗著 *Studies in the Ways of Words*（Cambridge，Mass.：Harvard University Press，1989）.

事，因为它们涉及更多的东西，也就是说，那些东西内有苹果核而不是沙土，它们是苹果树上结出来的而不是苹果基因复制合成出来的，它们不是形状奇特的某种梨，等等。

当然，真值条件的问题远远超出了那种极端弱化的使用条件。如果环境无法满足一个命题的真值条件，那么这个命题就是假的。但如果环境不满足一个命题的使用条件，那么这个命题并不必然是假的，只不过其断言是不适当的或无根据的。关于该命题之为真无法做出有效的推论。这里的问题不是出在账名调乱错误（an error of commission），而是遗漏错误（an error of omission），即没有正确地为语言使用者的断言提供适当的基础。如果在说话者作出断言的语境中使用条件得到了满足，我们最终可能会说这个说话者是说得不对了而不是说他说得不恰当了，更不是说他无视真理。

如果认为使用条件或可断言性条件仅在于明确表述的规则那就大错特错了。严格来说，这里的问题一般跟规则毫无关系。这里所涉及的使用习惯并不总是被明文规定出来的；它们显然并不能够完全形诸笔端，就好像网球运动中的正手击球规则那样。这里的问题是如何刻画一种实践的条件，即关于怎样做的一种指南，语言沟通的技巧和诀窍，主要通过观察、模仿和熟能生巧而不是通过对明确表述的规则的掌握和遵守学到的东西。（显然，不是所有的事情都要靠使用规则，如遵守规则，才能完成的，因为否则的话我们将陷入悖论之中：规则的使用需要规则来支配）语言使用者能遵从法则而无需以白纸黑字的形式掌握它们。

推定的交流性使用不是基于规则的学习和运用，这和运球或接球的道理是一样的。

一个陈述的真值条件是语言的语义学问题；使用条件是人们所谓的语用学问题。[①] 这些使用条件是语言的内在成分，即小孩子在母亲膝下学到的关于如何使用母语的那部分。真值条件并没有垄断“意义”（meaning）概念，这一概念宽泛到足以容纳这两种条件。毕竟，真值条件一样，使用条件及其相关的归责基本原则（imputational ground rules）也是我们语词意义的一个方面。意义的这两个方面（通过真值条件得到的结果和通过保证条件或使用条件得到的前提）处于一种交互共生的关系中。学习一个语词的意谓是什么，其中的

---

① 关于语用学，参见 S. Levinson，*Pragmatics*（Cambridge：Cambridge University Press，1983），Levinson，*Presumptive Meanings*（Cambridge，Mass.：MIT Press，2002）；G. Gazdar，*Pragmatics*，*Implications*，*Presupposition*，*and Logical Form*（New York：Academic Press，1979）；G. Ward and L. Harn（eds.），*Handbook of Pragmatics*（Oxford：Blackwell，2003）.

关键部分在于学习如何使用它，也就是说，有效掌握在何种类型的条件和环境下使用它的特定方式是恰当的。这里必须认识到，其中包含归纳的因素，即关于“事情在世界中起作用的方式”的一种隐含的观点。

但对于意义而言真值条件难道不起决定性作用吗？确实，如果你并不完全、确切地了解一个陈述会得出什么，你就不是真正地知道这个陈述的意谓。这似乎没有什么不对，但这仅仅是因为我们这些搞理论的人在意义的逻辑方面（而不是实践方面）钻得太深。在近来的语言研究中，语义学已然凌驾于语用学之上，但二者都是不可或缺的。诚然，不把握一个陈述的真值条件，我们就无法确切地知道这个陈述断言了什么。但是，同样重要的是，不搞清楚其使用条件，我们就无法知道什么时候要作出一个实际的断言。两个方面都不是可有可无的，二者相结合是必需的。

关键的事实是，意义是包含语义问题和语用问题的一个综合概念。要全面掌握一门语言我们就必须既要了解该语言的陈述能够得出什么，也要知道是什么允许它们被断言，什么样的条件允许我们将其视为恰当的。任何秉承意义即使用或意义即真值条件的排他性理论都是片面的、武断的，其关于排他性的主张是不恰当的。

因此，使用条件反映了推定的一种实践策略。这种实践策略的合法性归根结底是便利性的问题。就像实践策略的一般情况那样，这个过程实际上就是成本-收益的计算。如果从使用到真值的转换不是普遍可能的，那么语言几乎不可能成为交流（信息传播）的有效工具。①

这是一种推定性的“认为”（taking），这种观念是语言运用的推论性实践的一个关键方面。首先，它是语言使用的客观性的一个焦点——其内涵性（具有内涵 S），就 S 用于现实世界中的对象而言。实际的起点可能仅仅是“我认为（take）我自己看到了一个苹果”。但我们很容易就此滑入另一个观念“我觉得我所看到的是一个苹果”，进而又跳到如下断言：“我看到一个苹果。”从经验的主体性到我们的客观性和事实主张，这些转换在语言使用业已确立的原则和实践中，也就是在语言的这些使用规则中，找到了它们的根据。并不是说那个苹果是在“蛮横的经验”中以某种方式给予我们的。（塞拉斯对“所予神话”的批判深入人心。）但除了那种神话般的所予之外还有这样一种实在，即我们推定性地认为（putatively take）的东西：我们主观视若如此的实在服从

① 与目前讨论相关的其他一些问题的探讨见于 Rescher, *The Primacy of Practice*（Oxford：Basil Blackwell，1973），以及 *Empirical Inquiry* 的第一章（意义与可断言性）（Totowa，N. J.：Rowman and Littlefield，1982）.

于语言策略和实践中业已确立的使用规则。对那些使用规则的辩护当然并不在于涉及所予的观察证据，因为我们根本不可能支配任何超经验的观察以达到经验背后即我们所经验到的东西背后的亚经验层次的实在。对那些使用规则的辩护不是以这种方式而成为证据性的东西，毋宁说这种辩护是实用性的。这是一种实用的考量，它们通过其实效使我们实现语境的相关目的，在这一语言情形中它成为自身行为的指南，并通过与其他人的交流来协调那些行为。

三、交流和常态推定

一旦共同体中形成推定的习惯，那么处于这一习惯中的交流者会被推定为不仅意识到它而且也尊重它。特别是，他会被推定为允许其运用于他自己的会话。他的陈述实际上会因此而负载一种“推论许可”，授权其接受者承认属于其陈述的已有推定范围内的所有那些结果、预设和联系。

然而，必须强调的是，这里关于“推论”的讨论是形而上学的。严格说来，这里的问题其实并非“推论”——与其说它是推论的问题，倒不如说是解释的问题。来看一个例子，我告诉你我刚在市里和你叔叔开完会回来，他向你问好。在此基础上你断定他没有变绿并且长出第二个脑袋。这一“结论”完全不是从我所说的话中得出来的；它根源于我并未说出其他内容的环境。一个标准形式的交流性实践不能遗漏重要的问题，特别是在事物的一般过程中不能让重大的疏漏逃脱相关的观察而不加标记。那个“结论”并不是由我所说的东西而被给予的：它是你根据并未被我说出的语境因素而被认为的(taken)。这种“认为”（taking）不是主观任意、全无根据的，它是由交流实践的基本规则授权的，我们通过语言的相互交流而订立这些规则。在述说我所做的事情的时候，我有效地保证你达到那个“结论”，这样做并不是通过有效的演绎而是通过获准的推定。

至于信息的可靠性，我们不可能什么事情都从头开始亲力亲为。我们必须，而且确实是在一个更大的共同体的环境中行事，这个共同体的延展跨越了不同的时间（通过其文化传统）和空间（通过其社会架构）。这就需要交流、协同与合作。因此，正如对客观性的追求要仰仗行动者对他所设想的社会的资源，那么反过来，客观性对于这种互动交流性社会的产生和延续是一种不可或缺的工具。人与人之间互不理解的共同体是不可能存在的，正是天生理性之人的努力会使他人有效理解我的行为。（理性之不偏不倚的统一性原则在这里也发挥着作用。）

在从其他人所宣称的东西里面提取信息时，我们的确，而且必须依赖大量有效的假定和推定。这其中的关键因素在于，信息语境中的语言交流受如下约定的支配：

说话者和写作者宣称他们的观点体现了真理，因为他们相信这些观点确乎如此。（这就是为什么“猫在垫子上而我不相信这一点”这一说法是矛盾的。）

说话者和写作者宣称他们的观点是以一种精确而非误导的方式表述出来的。

这些约定并不是关于说话者实际做法的一种假定（hypotheses）。它们是非常不同的东西，即为了提高交流的效率我们自己进行的归责（imputations）。正是由于将传递相关信息（以及类似东西）的意图归于（imputing）我们对话双方，我们才最能从我们的交流性互动中获得有益的好处。

因此，在交流的效率和有效性方面，这些约定有一个基础牢靠的基本原理，没有这些约定的话交流将会变得极不可能，即便可能，那也会变得极为累赘、烦琐和不确定。常识协作是标准的交流推定所固有的，是这一活动不可或缺的组成部分。

普通交流的一个重要特征是它所遵循的策略，即不说那些并不真的需要说的东西。相关环境和条件处于其普通自然状态之中，除非有其他不同的迹象，这一常态推定是交流经济中的一个关键因素，是一项重要的基本交流规则，它允许所有无反证（*ex silentio*）情况下的推论。这使得我们绝大多时候能够在不必明确提及的情况下而传递“通常事务”这一事实。如果没有这样一种推定，接下来的有效交流将是不可能的。如果我仅仅说“她生了个小孩”，你断定说这是一个正常的小孩，不是（比如说）连体婴儿，这样说是很妥当的。无疑，这一结论不是从我所说的东西中得出的，而是从我并未说出的东西中得出的。由于这些可能的结果原本应该颇具报道价值以及语境上的重要性，以至于每每期望说话者可以提及它——如果情形确乎如此。

再者，当我们讨论某个人的时候，比如，你打算邀请我认识的某个人在聚会上碰面，我们心照不宣地遵循如下习惯约定：我将告诉你切实相关的事实，至于那些被我忽略掉的方面，情况都是普通无奇的。如果那个人是一个在战争中失去手臂的男人，我显然会不出意外地提到这一点。但我没必要多此一举地告诉你那个人是血肉之躯。未提及的方面存在一个常态推定在发挥作用，它是理性经济过程的基本部分。

我们归责于己，且归因于人的是，在交流环境中提供和提取信息的时候，人们会做出那些让我们平稳有效地进行交流活动的推定。这是常识的一部分了。

表 8-1 列出了一些关键的交流推定。[①] 相关性推定颇有异趣。如果我们在讨论城市建筑业的低迷状况，并且你提到布朗的木料厂上个月关门歇业了，我将有权得出结论认为这一情况的发生是因为经济低迷。如果第二天我获知那个木料厂被烧得片木不存，我会恰当地认为自己是被误导了，因为增加的那点儿信息动摇了在其他方面完全合理的语境相关性推定。[②]

表 8-1　一些重要的交流推定

要认识到什么被明确地说成是事物最相关的重要方面
要承认对话者的语义能力（即人们知道他或她所使用的语词的意义）
因而，要按照通常意义来理解对方所说的意思；要相信人们所说的是真的
要相信对方的诚意（即人打心眼儿里不会言不由衷）
因而，要相信对方是诚实的，接受对方所秉持的是真的
要认可对方的逻辑能力，相信说话者会接受他或她说出的东西所造成的逻辑结果
要相信对方的理性能力，能够使其对说话内容的理解尽可能与当前所讨论的问题相关

还有一个密切相关的推定：未说出的部分不会废除或者以其他方式急剧改变从实际说出的部分中能够自然推论而出的东西。这就意味着，在很多声明的情况下，沉默代表了常态。比如，假定史密斯进来告诉我们说，他在街道施工现场看到一只猴子。我们当然会感到奇怪，因为我们知道这种灵长动物逃到城镇是多么不同寻常。但如果更深入的交谈表明，史密斯说的是锤头掉落的打桩机（也被称为"猴子"），我们会感到被误导了，上当了。我们会认为"如果那就是他所谓的猴子，他就应该说清楚"。史密斯对于他的陈述中所涉及的非常规的"猴子"避而不谈，这种沉默并非无关紧要，因为它准许如下信念，即所谈论的猴子是我们所熟悉的普通的猴子。

因此，沉默在交流活动中发挥了重要作用。在口头交流中，我们从来没有足够的时间和空间可供我们支配，以恰如其分地处理所有这些问题：解释每一细节，继而解释与那些解释相关的细节。交流效率和经济性的要求在这里意味着，既然时间（或空间）绝不会允许我们说得面面俱到，即搞清楚实践中所有原则上相关的东西，那么我们就不得不按照如下自然推定行事：我们实际上

① 关于交流推定，可参见 H. P. Grice, *Studies in the Way of Words* (Cambridge, Mass.: Harvard University Press, 1989). 除了这本开创性的著作，也可参阅 John Searle, *Speech Acts* (Cambridge: Cambridge University Press, 1969); Donald Davidson and Gilbert Harman (eds.), *The Logic of Grammar* (Encino, Calif.: Dickenson, 1975);

② 关于相关性规定，可参见 David Sperbar and Deirdre Wilson, *Relevance: Communication and Cognition* (Oxford: Blackwell, 1986; 2nd ed., 1995).

确乎说到的是事情最重要的部分。

关于沉默的推定不仅对事实的东西有效而且对虚拟的东西同样有效。一个小说讲到坏人吃了颗葡萄，但没有就葡萄作更多说明。它是生的还是熟的，有没有去掉籽，品种是康科德（Concord）还是卡托芭（Catawba）？故事里都没说。但这并不意味着那个坏人吃的是一颗异乎寻常的葡萄——在所有这些可能性中，其性质都无法在根本上得以确定，因而是现实世界中我们从未遇到的品种。常态推定意味着我们有权假定那完全是一颗普通的葡萄，不是生物学上我们知之甚少的古怪品种。小说中的事物可能是含糊的，但并不表示事物本身就是含糊的。

在考虑小说中探讨的虚拟事物的真假时，人们必须小心谨慎，把握好度。帕森斯（Terence Parsons）在一篇讨论虚拟对象的文章中写道，虚拟对象仅在小说句子中才为真。[①] 但这很有问题。福尔摩斯的故事当然没有说他的祖父不是黑猩猩。因而如果只有小说中明确表达的、描述福尔摩斯的陈述才是真的，那么这个句子将无法声称是真的，因为福尔摩斯显然荒唐地从正常人类的范围中被驱逐出去了。但是，通过采用沉默即常态这一交流推定的常规策略，这一情况立刻得到了补救。鉴于福尔摩斯小说在其祖父的问题上保持沉默，我们有权认为他祖父也是一个普通人。这一推定在谈论事物的语境（现实社会或小说的某种设定）中是有效的：如果有什么不同寻常的东西，讲述者不会避而不谈。

按照交流效率的基本规则，交流才有可能完成。[②] 而那些沉默推定和常态推定通过承揽如下原则而在此发挥了至关重要的作用：——“被略去的是对当前问题无关紧要的”，“被略去的不会对从提及的东西中合理得出的迹象有什么重要影响”，以及“被略去的不会要求对已经说出的东西作实质性修改”。没有这些推定，我们无法填补与明确说出的东西之间的鸿沟，有效的交流将变得寸步难行。

作为我们交流实践之基础的常规推定绝不像既成事实那样是可验证的。（比如，就算是在统计的一般性层面上，言即心声显然也是不可能的。）但其辩护可以在经济性的基础上变得很直接，因为这种实践体现了完成交流活动的最有效和最经济的方式。

---

① 参见 Terence Parsons，“A Prolegomenon to Meinongian Semantics,” *Journal ofPhiloso-phy*, 71（1974）：551-560，以及“A Meinongian Analysis of Fictional Objects,” *Grazer Philosophische Studien*, 1（1974）：73-86.

② 关于这个问题可参见 Rescher，*Cognitive Economy*（Pittsburgh：University of Pittsburgh Press，1989）

承认人们所确保的材料背后存在客观实在，这是进入可公共理解的对象领域的必然要求，对于有关共同世界的集体探究和人际交流，这些对象是不可或缺的。我们的确而且必须采用在所有交流性会话中普遍使用的一般策略，我们要让我们所使用的语言，而不是在特殊情形下我们内心可能实际具有的某种具体的有益的目的，对我们会话中所涉及的东西起决定性作用。因为一旦我们以某种明确的和决定性的方式建立起我们自己关于某物的观念，我们就会立刻制造出障碍，这不仅妨碍我们进一步的探究，而且还妨害我们与他人成功地交流。

交流需要的不仅是普通的概念，还有普通的话题——共同的讨论事项，一个由自在的真实对象构成的共同的世界是交流经验的基础。客观性的方面反映了我们对一个共同世界的基本承诺是将其作为交流者的共有财产。这样一种承诺所涉及的不仅仅是事实上的主体间的共识。因为这种共识是后天发现的东西，而我们对事物本质的看法要将“真实世界”置于先天必然的基础之上。这一立场源于一个人们共同持有的关于交流的基本约定——对客观世界之客观现实性的承诺，它提供了任何真正的交流所需的至关重要的、不可或缺的共同聚焦点。将我和我的对话者的话语联系起来的是我们对如下支配性推定（诚然，这一推定是可废止的）的共同认可：我们都是在谈论共同的事情，虽然我们自己对它也存在可能的误解。这就意味着我们关于事物本质或事物类属的看法无论变化有多么剧烈，我们所面对的仍然是同样的或同样类型的事物。它保证识别和再认能够跨不一致的理论和信念系统。

交流语境中必须要剔除自以为是的优势，更不用说我们自己关于事物的潜在特殊概念的正确性了。在面对这一“真实世界”的客观秩序时，根本目的是至关重要的。如果我们断定的承诺并未超出我们自己已经掌握的信息，那么我们永远也无法就这个共同的客观世界与他人形成交流。这里并没有要求我们的概念的优先性或正确性，甚至连我们的概念与他人的概念的一致性也没有要求。讨论“事情本身”这一根本目的支配且压倒我们自己对于所面对的事情的任何主观构想。

当然，有人可能会提出如下反驳：

显然我们可以仅基于个人概念来断言，无需诉诸“事情本身”。我关于一个事情的概念是能够传达给你的，只要有足够的时间。难道交流活动就不能绕开“事情本身”这一中介，而仅凭个人概念的关联和匹配进行吗？

但这时候应该考虑一下具体的实际。什么叫“足够的时间”？就是要等到那种匹配“足以”保证直接的确认？但我们并未也无需困扰于这种不着边际的事情：我们对于事情本身的承诺使我们能够让这种确认变得直接，这是通过归责、通过基于适当指示的许可实现的，而不是基于对大量证据的归纳权重的依赖，这些东西注定是有问题的。交流，作为信息的传递，是我们着手要做的事情，而不仅仅是我们最终只能以后见之明回溯性地去解释的东西。

我们所使用的概念“真实之物”因而就提供了一个基点，交流活动以之为中心，各种不同的概念总是聚焦于此。确定、决定、限定我谈话中所涉事物的不是我的概念或你的概念，或者说其实根本就不是任何人的概念。我们所讨论的约定化的目的意味着，概念间的协调对于交流的可能性并非决定性的。你关于某物的陈述能够而且应该传达一些东西给我，即使我关于该物的概念与你全然不同。因为为了交流我们不需要就世界观达成共识，而只需采取如下立场：我们所讨论的世界是同一个世界。客观实在性是既成材料的基础，不论以何种方式进入由可公共理解的对象构成的领域，对这种客观实在性的承诺都是必不可少的，在关于共同世界的公共探究和人际交往中，这些对象同样是不可或缺的。其实，如果我们的会话适应的是我们个人的特殊观念和概念的意旨，我们将不可能就公共客观的讨论建立起交流性的联系。

这里谈及的客观化的归责是我们的认知立场的核心，这一立场就是我们生活和劳作的世界是一个真实客观物的世界。对公共的真实世界的这种承诺是交流的关键。其状态是先天的，并不是我们通过经验习得的。正如康德明确指出的那样，客观经验是可能的，仅当一开始我们预设一个真实客观的世界，而不是将其看作关于事物本质的事后发现。

因此，这里的问题不是发现的问题，而是归责的问题。公共性和焦点汇聚的同一性因素不是习自经验的事后发现，而是先天预成的，内在于我们的语言使用方式中。我们并不是从我们的现象材料推知事物之真实客观，而是通过如下事实将我们的知觉确立为关于真正的对象的知觉，即这些对象一开始就是作为真实客观存在的东西而被给予的，确切地说是被认为的（taken）。推定在这里是关键，因为不以人的意志为转移的客观性不是推论而是归责。无疑，我们的确声称我们的观念是客观正确的，但是否果真如此，我们就不能信口开河了，除非“所有付出皆有等量回报”——也就是说，是不可能的。

四、真诚交流：作为共同利益活动

对于解释得比较清楚的常规推定，其功能原理在于交流的语境。

假定我告诉你，那只猫在垫子上。你现在实际上获得了怎样的信息呢？是①那只猫是在垫子上？或是②雷谢尔认为（相信）那只猫在垫子上？又或者仅仅是③雷谢尔说了那只猫在垫子上？在假设的情况下，只有最后一项是完全没问题的。而且很显然人们不可能做到从③得出②，除非我们增加别的因素，比如④：如果雷谢尔（以正式严肃的口吻）有所言说，那通常他是相信他所说的。此外，你显然也不可能从②得出①，除非你相信我是诚实可信的，并且向往真理——也就是说，除非你同时也接受⑤：如果雷谢尔相信事情是如此这般的（至少在猫和垫子这类事情上），那他通常都是正确的。

交流的整个过程，即从别人的声明中得到实质信息，都涉及信任。但用什么来验证这一点呢？要回答这个问题最好从经济的角度着眼。为了从别人的声明中得到益处，我们必须留心聆听；解释（解码）他们所说的；通过接受它而将认知信任赋予他们。而这些步骤中没有一个是免费得来的：每一个都需要我们在时间、努力、精力及错误风险上耗费资源。获取信息的所有过程（听、看、读等）都包含某种类型的付出。（在校学生无不对学习之苦刻骨铭心）而这种付出是不是有保证的，那就取决于相关的收益，尤其包含所获信息的认知益处。

一个交流中的共同体就是某种集市，有报价人和承价人、有卖方和买方。在接受别人所宣称的表面价值时，我们是在某种意义上赋予他们以信任。实质性交流的前景是以如下原则为基础的：①承认对他人断言的诚实性推定，至少直到证明他们自己是不值得信赖的；②在交流性语境中，将其他人看成是正直的、诚实的、正确的等，直到他们被证明并非如此。认知过程的这一原则的基本原理大体上是经济学的，或者说完全是经济学的。这里和其他地方是一样的，我们是基于成本效益的考虑来决定赋予何种程度的信任。

话说回来，为什么我们相信人们具有交流能力，即提供信息的能力？注意，所宣称的事实，即当有人说出“猫在垫子上”时，他是在断言猫在垫子上，代表了我们的一个信念，或者至少是我们的一个假定。可以说，我们最初是在几乎绝望的情况下作出这一假定，因为它为我们提供了唯一可能的方式来从别人断言的内容中受益，但归根结底是因为我们最终所积累的证据表明（这是一种后见之明）这一假定是非常稳妥的（可靠的）。

从别人的声明中获取信息时我们所依赖的是诸有效假定的整体集合：①人们表面上所说的（我们认为他们要说的）也就是它们实际想说的。②人们相信他们所说的。③人们对他们的信念有很好的根据（即存在这样的根据并且人们认识到了它们）。实质上无论如何这就得到了同一种辩护：除非我们同意这些交流性推定，否则我们不可能从别人的声明中得到任何信息。在此基础上，我们从理性来看是非常稳妥的，（比如）我们认为他人的申明在认识上是诚实的，除非有相反的证明，这正是因为我们的做法乃是最经济有效的。我们的交流过程本质上是受经济上的目标驱动和辩护的，也就是从以信息为导向的互动中获取最大利益。

交流是建立在信任的让与和维持这一策略的基础上的。交流也是某种形式的商业系统，其中有信用之让与、利用及扩大。由于交流性的和金融性的信用是相似的，人们不可能凭空建立信用（证明自己是值得信任的），而只能是在一开始的时候由别人给予我们某种信任。为了最终能够获得信任，就必须有一个初始推定：某人是值得信任的。除非证明有罪否则就是无辜的（即安全无恙直到事情有变），这一推定明显是可错的：人们当然能够证明他们自己是不值得相信或信任的。但一开始必须作出推定。

这里的指导原则是成本收益计算。交流实践背后的常规推定并不像既成事实那样是可验证的。（比如，说人们总是直抒胸臆，就算是在统计的一般性层面上，也显然不是真的。）但其辩护可以在经济学的基础上变得很直接，因为这种实践体现了完成交流活动的最有效和最经济的方式。因为如果我们不相信别人的申明，那么我们就完全失去了从他们那里获取信息的机会，也就取消了潜在有用的资源所带来的益处。然后经验过程会告诉我们信任及信任让渡的好处，完全胜过其中的风险。

维持信用不仅是交流的法宝，在某种程度上其实也是整个交流得以进行的必要条件。护持信用；勿轻慢法则，而于交流者共同体中谨守己身，这是交流活动中的基本训条。

从发送者的角度看，发出一个消息需要耗费时间、努力、精力等。理性的行动者会承担这种损失，而只着眼于收益——某种值得付出的回报（哪怕只是别人的尊重或感激）或互惠，着眼于回报（*quid pro quo*）。这一点很简单但却影响深远。鉴于我们在世界上是以对信息的需求为指引的（既基于纯理论的基础，也是基于实践的基础），建立一个交流者的共同体，其价值无法估量。我们最好理性地努力保持与同伴之间交流渠道的畅通，为了认识到这一点多付出些代价也是值得的。

对于接受者而言情形也是类似的。在信息的获取、处理和储存方面他们也必须耗费资源。显然，一个理性的听众会甘愿付出，只要能够合理地期望从中获益，不管是通过信息的获取还是金钱的回报，这种期望总体而言是有充分保障的。如果我们不尊重形成我们的主张和断言的语言所依赖的惯例，我们不可能搞清楚我们心中所想、口中所言。

五、作为关键点的理性经济

交流性的常规推定原则，其效力还有其他方面。为什么我们要相信其他人是有交流的潜质的，即能够为我们提供信息？注意，所声称的事实——说“猫在垫子上”的时候他是在断言猫在垫子上，代表了我们的一种信念，或者至少是我们的一个假定。可以说，我们最初是在几乎绝望的情况下作出这一假定，因为它为我们提供了唯一可能的方式来从别人断言的内容中受益，但归根结底是因为我们最终所积累的证据表明（这是一种后见之明）这一假定是非常稳妥的（可靠的），如此则虽不中亦不远矣。在此基础上，我们最好理性地将他们的断言看成是认知上诚实可信的，除非证明并非如此，因为这正是最经济有效的做法。我们的交流过程本质上是受经济上的目标驱动和辩护的，也就是从以信息为导向的互动中获取最大利益。

在缺乏任何具体明确的相反迹象的情况下，承认我们所听到的是真的，这一交流策略之所以能够有效乃是因为，在满足我们的信息需求时，以一种有效且高效的方式行事，始终是符合我们的利益的。如果是安全至上，那么我们当然会无限期地悬搁判断。但这样做根本不符合我们的利益，因为安全性并非全部。如果一个策略会剥夺我们所有的交流上的好处，那这个策略注定无法实现预期目的。在理性探究中，我们寻求的不仅仅是避免错误，还要获取知识。我们一开始就采用信任的认知策略，因为它是通向我们目标的康庄大道，然后我们持之以恒，因为我们最终认识到它并非天衣无缝，但却有极高的效率。①

维持可信性是交流的法宝，不仅如此，维持某种程度的可信性其实是不可或缺的。“护持信用；勿轻慢法则，而于交往者共同体中谨守己身”，这是交流活动中的基本训条。因此，明确导向这一方向的实践正是由于这个原因才更有可能被尝试，而一旦被尝试，也更有可能被保留。

在理性自利的压力下，一个理智行动者构成的社会几乎注定要演变成某种类型的互助联盟，其成员致力于信息管理中的相互协作。因为，每个人显然都从一种系统的操作方式中获益，在创造共同可用的知识海洋的过程中，这种操作方式为我们每一个人在付出与回报之间保持着最佳平衡。而交流因此是以让

---

① 有用的相关讨论课参阅 David Lewis, *Convention*: *A Philosophical Study* (Cambridge, Mass.: Harvard University Press, 1969). 不过要对比如下文献: Angus Ross, “Why Do We Believe What We are Told?” *Ratio*, 28 (1986): 69-88.

渡和维护可信性为基础的。

最后，交流也是某种类型的商业系统，其中包括信用之让与、利用，如果一切顺利的话便扩大信用。由于交流性的和金融性的信用是相似的，人们不可能凭空建立信用（证明自己是值得信任的），而只能是在一开始的时候由别人给予我们某种信任。为了最终能够获得信任，就必须有一个初始推定：某人是值得信任的。在交流的语境中，除非证明有罪否则就是无辜的（即安全无恙直到事情有变），这一推定是绝对必要的。诚然，这一推定或许是可错的；人们当然能够证明他们自己是不值得相信或信任的。但不论如何，那些推定的使用作为一种规则，对于整个交流活动的进行具有举足轻重的作用。

第九章　科学中的推定及其他

一、科学中的推定

演绎推理的一些理论要素，如律则性、连续性、简单性、一致性、守恒以及类似的东西，它们的作用显著但却存在问题，这让科学哲学家大为苦恼。如果认为这些要素表征了关于世界的基本的本体论事实——自然本身所表现出来的一种倾向（这么说多少有点拟人的味道），那显然是有问题的。然而，最明智不过的做法是将这些因素看成是程序推定原则（*principles of procedural presumption*）的一种表现，这些原则部分构成了我们的解释工具的调节性机制或方法论机制。因而人们避免将这种系统性特征看成是关于自然的实质性发现，而看成是指导我们科学研究的方法论的和程序性的路标，似真性的程序原则（procedural principles of plausibility）构成了我们对解释性说明的评价标准。

通过这种方式，一个肯定性的可接受性推定被用来支持系统化的所有传统因素：连续性、一致性、律则性（因果性、可规制性，以及各种形式的规律性）、简单性、连通性（融贯性）、统一性（完全性），以及其他。系统性这些不同方面的界定因而具有了双重功效：作为真之可接受性的准则学的元素；作为对探究的引导进行调节掌控的推定原理。由此导致了表 9-1 所显示的情形。

表 9-1　科学探究中的一些推定

同意有最强证据支持的理论（或解释）是最好的。并且，
在其他方面同样充分的诸理论（或解释）中接受更简单的，因而绝不采用相比之下更为复杂的理论（或解释），相对简单的将会被采用。并且，
一致性、律则性、连续性、简单性以及守恒这些同类因素都是如此。此外，在科学理论建构中，下面的做法是普遍采用的，即当其他情况均同的时候我们更倾向于——
单维度而非多维度的描述方式； 定量描述而非定性描述； 低阶多项式而非高阶多项式； 线性微分方程而非非线性微分方程。

作为认知推定原则，这些因素的方法论地位反映在如下模式中：

若其他东西（不论在哪方面）是相同的，在其他实际承诺或推定性承诺的语境中，要优先考虑接受那些与其他选择比起来相对更加一致（或更融贯、简单、完全等）的选择。

在此基础上，系统性的限定因素被用作似真性和推定的引导原则，将其从系统结构的描述性原则转换为系统构建中的程序推定原则。因此，科学推理中的一些因素，如连续性、简单性、一致性，以及所有其他被包含进归纳系统化的范围中的那些认知上迫切需要的东西，其作用的合理性应该（而且能够）从举证方法论的角度加以验证。因而这些因素规定了在科学语境中缺乏任何明确的相反迹象时能够合理做出的推定的类型。当科学家们忙于构建关于自然现象的解释性说明时，它们代表推定“抢占山头”。

这些考虑直接导向第六章第三节作为缺省推理的归纳概述的关于归纳推理的分析。现在我们从不同的观点再次考察问题的这个方面。

二、归纳和认知经济性：简单性偏好的经济原理

作为科学推理的重要工具，归纳一方面让我们的认知承诺尽量远离材料，只要有利于解决我们的问题；另一方面，它又尽可能亲近材料，在已确立的归纳系统化的原则——简单性、协调性、一致性等——的保护下发挥作用。支持经济性和简单性的推定是归纳推理的指导原则，其程序即如下训条：“以最简单、最经济的方式解决你的认知问题，但要与你所能支配的信息的充分使用相协调。而归纳就是要构建最为经济的结构，将可用材料名正言顺地容纳进来。”常规的做法就是找到律则性的最简单的一般样式，能够充分地容纳涉及当前情形的信息，然后使之超越所有可能性以回答我们一般问题。归纳就是通过构建能够为我们解决认知问题的最简结构来贯彻认知经济性的一般理念的过程。作为一种基本的归纳上的努力，科学的理论化涉及研究或构建系统上最优的理论结构，能够充分容纳当前可用的材料。

更简单（更系统）的回答更易于表达、传授、学习、使用、研究等。简言之，他们更便于操作。因此，学习和探究中便捷性和经济性的调节性原理足以为系统性偏好提供合理性的基础。一般来说，我们对于简单性、一致性和系统性的偏好，不是关于世界本质的一种本体理论，而是一种探究策略——一种认知方法论。总体上，我们在探究中选择简单性（和一般系统性），因为它对于更加经济有效地实现活动目标具有目的论上的有效性，演绎之系统性的诸因

素——简单性、一致性、律则性、常态性、融贯性以及其他，无不体现着认知经济性的实践原理。① 在我们努力实现探究目标的过程中，它们是删繁就简的省力装置。因而，简单性偏好的原理是直接明了的，仅仅在于一个词：“经济”。最简单有效的解决方案就是用起来最简单、最直接、最便宜的。为了实现我们的控制目标不惜代价地耗费不必要的资源是愚不可及的。由于归纳的这一性质，它为我们完成基本认知事务提供了最具有成本效益的、经济上最佳的手段。

在所有语境中，包括认知语境，理性行动者寻求的是最简单的有效解决方案。这样做不是因为我们一开始就知道简单的答案一定会被证明是正确的，而是在有进一步的变化之前我们采用最简单可行的解决方案（直到这些解决方案被证明不再可行），这正是因为它们是最简单的，即只是因为根据假定，没有任何充分的理由诉诸更复杂的可能性。倾向于归纳的简单性，其合理性的基础是实践和程序的经济方面的考量，而不是任何关于世界本质的事实假定。

经济性和简单性的观念是归纳推理的指导原则。其过程遵循如下训条：“以最简单、最经济，且与你所储备的信息的充分使用相协调的方式来解决我们的认知问题。”在认知经济性的基础上，我们很容易对简单性的偏好进行辩护。人们要求一个现象不仅要依赖于特定的距离、重量和大小，还依赖于（比如）温度和磁力这些更进一步的因素，因此他们就必须设计一个更复杂的收据采集装置来读取这一范围扩大的物理参数。或者，在曲线拟合（curve-fitting）的情形下，比较以下两种观点：适当函数是线性的；线性到了某个点上之后呈正弦曲线。写一个检验用的指令集，看看经验上确定的点坐标是否符合指定的函数，这一过程在线性情形中一点也不复杂，而且还更经济。相对更简单的就是更容易上手的，在运用和互动中，整体上的操作更经济便捷。从这个角度来看，简单性是一个实践次序概念，其核心就是围绕更经济的使用，也就是说，要求更少的资源。

总之，关键的原则就是，实现既定认知目标的手段的经济性需要服从认知经济性的律令——将复杂性的影响降到最低，以尽可能获得最高效的答案。复

① 康德是第一个清楚认识到并强调这一关键之处的哲学家：“但这样一条（系统性）原理并未给任何客体预先规定任何规律……而只是一条日常处理我们知性的储备的主观规律，即通过比较知性的诸概念而把它们的普遍运用归结为尽可能最小的数目，而并不因此就有权要求对象本身有这样一种一致性，来助长我们的知性按照自己的意思去扩充，同时也无权赋予那条（方法论的或调节性的）准则（系统化的知识！）以客观（或描述性构成的）有效性。”（纯粹理性批判，A306B362.）。比较 C. S. 皮尔士的观点：本质之系统性涉及科学态度的调节性，而不是科学事实的构成性。Charles Sanders Peirce, Collected Papers, Vol. 7（Cambridge, Mass: Harvard University Press, 1958）, sec. 7. 134.

杂性不可能被消除，但其作用的发挥不能影响系统适当性的提高，因而经济性以及其他同样限定系统的简单性、一致性等，自然都是指导方针。诚然，它们所指明的方向是否实际上是正确的，还需拭目以待。但它们显然提供了最自然、最有前景的起点。对于问题的最简单可行的解决方案显然必定是能够压倒其他一切的，至少目前情形下是如此，除非到了这样的时刻，即它明显左支右绌，各种复杂因素让我们疲于应付。只要一个简单的解决方案能够容纳现有材料，就没有理由舍近求远。合理程序的基本原则在认知领域和在其他领域具有同样的可操作性，这一原则就是，在面对其他方面都同样有资格的各种选择的时候，我们应该在相关的简单性模式和经济性模式中采用最简单、最经济的那个。

伽利略写道："因此当我观察到一个起初静止的石头从一定高度下坠，并逐渐获得新的加速度的时候，为什么我不应该相信这种增加的量是以最简单最合理的方式产生的呢?"[①]确实，为什么不呢？当然，后来的发现可能将这一最简立场推翻。但这一认识只是强化了如下观点：简单性并不是真理不可或缺的标志（*simplex sigillum veri*），而只是探究的一种方法论工具——程序的路标。如果能轻松地完成眼前的认知任务，傻子才会去用更复杂的选择。毕竟，我们不需要假定世界终究是系统的（简单的、一致的等），以确证我们的认知承诺对于系统性的偏好。

当然，对此可以作如下反驳，即如果推定其实是过程的理性经济问题，那么通过比较，如省时与省力的比较，这就变成了易变的东西，所导致的结果就是简单性推定可能非常之不确定。但这并不意味着它就整个土崩瓦解了，而仅仅是说，在简单性判定的可行模式无法被确定的时候，它不能被用于那些情形。推定和其他任何事物一样，不是什么地方都能用到，它不是一个万能之策。

值得强调的是，即使面对的是复杂现象，我们对各种形式的认知系统性的追求仍孜孜不倦：在我们对世界的解释中，对简单性的承诺一直是方法论之必需，不管世界会显得有多么复杂和零乱。当其他东西全然相同，更简单的理论毕竟在经济性方面更占优势。只要有可能我们就要避免无谓的复杂，因为这是一个省力的过程。正是这方面涉及归纳的辩护。因为归纳本质上为我们提供了最经济高效（经济上最佳）的方式以完成基本认知任务。认知工具和物理工具一样，具有复杂性、不一致性、异常性等，都是需要付出代价的复杂因素，

① Galileo Galilei, *Dialogues Concerning Two New Sciences*, trans. H. Crew and A. de Salve (Evanston: University of Illinois Press, 1914), p, 154.

不采用最简单的解决方案必定是受到一定利益、某种情形的压力的驱动。因此，从这个角度看，在探究的语境中描述实践的推定原则，其基本原理归根结底显然也是经济原理。

知识在信息性方面的益处与拥有和使用信息的内在价值有关。除了知识的这些代价和收益，还存在某些结构代价和收益，它们隐含于所声称的知识本身所具有的信息-经济特征之中，与它为我们提供的信息服务形成鲜明对照。信息的这些结构价值包含了像普遍性、综合性、完全性、一致性、简单性、融贯性以及精致性这样一些因素，或者从否定的方面看，包含了琐碎性、有限性、不完全性、不一致性（差异性）、复杂性和不协调性。这里与收益相关的是相关信息内在的经济性或精致性，与代价相关的是其内在的复杂性和累赘性（表 9-2）。

表 9-2　信息的结构价值

肯定的因素	否定的因素
综合性（信息性）	狭隘性（非信息性）
完全性	非完全性
事然性	非事然性
普遍性	特殊性
融贯性（适合、内在一致）	不融贯性（不一致）
简单性	复杂性
一致性	不一致性
关联性	不相干性
精致	累赘
坚固性	脆弱性

对归纳系统性的偏好反映在信息的结构性维度中，这种偏好仅仅是对引导探究时的经济性的追求。我们需要解决我们关于世界的困惑，达到这一目标的过程取决于奥康剃刀之类的原则——避免不必要的复杂性的经济原则。有鉴于此，从实践的和方法论的方面来看，归纳方法旨在成为最高效、最有效的问题解决方式，以归纳的步骤引导我们使用最系统、最经济的方式来完成眼前的工作，这是再自然不过的了。按照这一训令，我们的系统化程序总是采用满足条件要求的最经济（简单、一般、直接等）的解决方案。归纳之系统化的根本原则是认知经济性的公理：如非必要，切莫复杂化（*complicationes non multiplicandae sunt praeter necessitatem*）。因此，当其他情况均同的时候倾向于更简单的解决方案而不是更复杂的，这一点在科学问题中的充分性尤其明显：它们更便于存放，更容易掌握，也不难操作。和之前一样，这里发挥作用的推定也受到经济原理即实用性和便利性的支持。

因而，从这个角度来说，简单性偏好是作为一种省力的工具出现的，是认知过程的理性经济问题。为什么当简单的解决方案做的同样好的时候还要使用更复杂的？为什么要违背一致性原则？有现成办法可用的时候为什么要使用新的、不同的解决方案？好的工作在选择工具的时候考虑的是工具的通用性（动力、效率、适应性等）、它们的便利性（易于使用），以及对于眼前任务而言在功能上充分胜任的其他类似因素。[①] 因此，在理性环境下，简单性偏好是执行操作的经济性训条的一种方式。它最初的优势不是实体性的/本体论的，而是方法论/实用主义导向的。简单性偏好是一种基于成本效益考虑的认知策略，在确定相关认知目的的情况下，它提供了优势最大化的探究机制。

三、跨科学的推定

当我们从科学转向哲学的时候也遭遇多重推定规则，因为就这一领域的任何问题，都有一个我们可以追问的元问题的逻辑次序：

（1）它在语义学上是有意义的吗？其所用词项是否得到确切界定，其概念是否清楚明白？若然，则——

（2）它实质上有意义吗？作为其基础的假定的事实是否实际上是真的？若然，则——

（3）它原则上可解决吗？根据一般原则，它没能成为不承认有恰当答案的不可解问题（*insolubilium*），那么它至少在理论上是承认有解的吗？若然，则——

（4）它是易于处理的吗？在实践中我们能够保证解决它所需的信息吗？

总之，我们能够期望解决的任何哲学问题都面临着由上述四个条件所揭示的一系列障碍。如果被这些障碍中任何一个绊倒，那么问题会遭遇这样或那样的麻烦。而恰恰就是这个时候推定再一次粉墨登场。

诚然，多年来各种哲学-反哲学的流派认为某些领域（形而上学通常被认为是重灾区）的问题是彻底不合时宜的。因此我们得到以下四种立场：

（1）极端怀疑论：传统上这些领域所关注的问题在语义上是无意义的。

（2）温和怀疑论：传统上这些领域所关注的问题实质上是无意义的。

（3）不可知论：传统上这些领域所关注的问题原则上是不能解决的。

（4）科学主义：传统上这些领域所关注的问题的解决方案，不可能仅凭

---

① 诚然，这两个因素是相冲突的，这种情况下人们必须进行权衡，以确定着重考虑哪一方。

我们所能支配的唯一有效手段，即科学探究，就能够得到。

在此否定论的背景下，对于哲学的严肃承诺作为理性认知的一种冒险，显然是基于和以上四个立场有关的基本的可行性推定（presumption of feasibility）——推定该领域的问题是可处理的、有意义的，因而原则上也是可解决的。通过这种方式，不仅任何哲学说教的内容，而且哲学化过程本身，都是基于基本的赋能推定（enabling presumption）。应当承认，和其他的推定一样，这个推定原则上也是可废止的。但也和其他推定一样，它屹立不倒直到实际上被废止。这里也存在皮尔士的公理：绝不应该阻断探究之路。

四、推定和精英判断

为了了解在评估性判断领域内起作用的推定的过程和原则，考察一下我们关于精英的实际实践不无裨益。

只要存在群体，而其成员或多或少各具特征，就会有精英产生。他们就是那些将这种特征展现到极致的群体成员。对此，我们用符号来标示就是 $<F, G>$，子群体 G 的成员构成的就是精英，他们将特征 F 发挥到常人难以企及的程度。

不过，目前的讨论尤其关注的是自反群（reflexive groups）——其成员中存在某种群内关系，从而其中某些人能够与其他人处于 R 关系中。对于这样一种群，将会（或能够）有：

肯定性的精英 $<R \rightarrow, G>$，包含那些与一般更大数量的其他成员建立 Ra 关系的那些成员。

否定性的精英 $<R \leftarrow, G>$，包含那些被一般更大数量的其他成员建立 Rd 关系的那些成员。

有了这种自反群，相应就会有二阶精英，比如，本身就最被信任（或厌恶）的人当中那些最被信任（或厌恶）的人。这种二阶精英可以表示为 $<R \leftarrow, <R \leftarrow, G>>$。

令自反群体 G 包含 A，B，C，加上一些其他成员（如 D，E）。现在我们根据表 9-3 来考察谁和谁建立了 Rs 关系。

表 9-3　*R*s 关系表

	A	*B*	*C*	[*D*, *E*]
A			√	
B			√	
C	√	√		
[*D*, *E*]				

这样的话，*A* 仅和 *C* 有 *Rs* 关系，而 *C* 与 *A*、*B* 都有 *R*s 关系。这一表格显然也能够反过来理解成确认 *A* 或 *B* 或 *C* 或其他成员建立的 *R*d 关系（我也还假定 ABC 之外有更多的一些条目，但表格条目那里总有显示为空白的）。于是，由于这个表格中所涉及的特殊关系 *R*，<*R* ←，*G* >精英将只包含 *C*，因为只有这个条目是被 *G* 的一般更多数目的成员建立 *R*d 关系。但二阶精英<*R* ←，<*R* ←，*GG* > >是怎样的情况呢？有没有条目是被一般更多数量的<*R*←，*G* > = {*C*} 成员建立 *R*d 关系的？的确有，它们中有两个，即 *A* 和 *B*。

这就得出一些有益的经验。特别是，二阶精英因而是明显不同于普通精英的。尤其

<*R* ←，<*R* ←，*GG* > >不必是<*R* ←，*G* >的子集。

<*R* ←，<*R* ←，*GG* > >不必比<*R* ←，*G* >小。

再来看表 9-4 给出的 *R* 关系。

表 9-4　二阶精英关系表

	A	*B*	*C*	*D*	*E*
A				√	√
B				√	√
C	√	√			
D	√	√			
E	√	√			

这里我们有精英<*R* ←，*G* > = {*A*，*B*}，因为 *C*，*D*，*E* 和 *A*，*B* 都处于 *R* 关系中。另外，<*R* ←，<*R* ←，*GG* > > = <*R*，{*A*，*B*} > = {*D*，*E*} 与<*R* ←，*G* > = {*A*，*B*} 没有交集。总而言之，二阶精英与普通一阶精英是极为不同的。

表 9-5　构成精英的一些评价性特征

肯定性的
受敬仰的（人）
被引用（文章）
被讨论（论题或主题）
受信任（人）
有用（过程）
否定性的
受轻视的（人）
中立的
被分配给其他人（金属零件）

在自反群体中，精英的肯定性或否定性取决于所定义的相关关系的肯定性

或否定性。表 9-5 已经给出了一些例子，正如它所揭示的，对于二阶精英而言重要的是本身最 *R*d 的成员中最 *R*d 的那些人构成的集合。下面是评价性的二阶精英的一些例子：

（1）那些最经常被其他一些论文引用的论文，而这“其他一些论文”本身也是最经常被引用的。

（2）被“本身就最受尊重的人”广泛尊重的人。

（3）被“自己本身就最常被议论的人”议论最多的人。

（4）被“本身就被当成专家的人”当成是专家（如那些最渊博的人）

（5）从“本身就拿顶薪的人”那里领取顶薪的人。

（6）在“本身就最经常被使用的过程中”使用最多的过程。

（7）获得“本身就是评价最高的电影评论人”最高评价的电影评论人。

上述大多数例子体现的是肯定性的二阶精英，其产生基础的资格标准是一种肯定性的评价。但是，也存在否定性的自反精英，比如，被最受人轻视的人极端轻视的人。更多产生基础为否定性的例子有最被憎恨、害怕、怀疑及嫉妒。

当前考察的最主要的论题是如下观点：规范性是在肯定性的二阶精英产生的。因此，我们就得到如下论题：

（T）对于肯定性精英，事实性能够产生规范性，因为在比通常更大的程度上建立 *R*d 似乎就毫无疑问地建立了 *R*d。

有了评价性的肯定性精英，转向二阶精英就是一种评价，它所要辩护的是，相关评价现在就不只是断言，其归因也将验证。

因此，

（1）诸多人中，那些被“本身就最受人爱戴的人”衷心爱戴的人，是真正可受爱戴的。

（2）文章中，那些被“本身就最常被引用的文章”引用的，是重要的（值得引用的）。

（3）被专家尊为专家者值得被尊为专家。

因此，这里讨论的观点是，被认可，这是实至名归，那些被如此归类的是被正确地归入此类。问题在于，精英的鉴别原则大体上可以说是这样的，评价性的肯定性精英的相互认可能够被合理地考虑。

再强调一次，这里的规范性随附于事实性。因此，从这个角度看论题 T 就具有了实现如下转变的显著特征：

（1）从主观性到客观性。

（2）从事实性到规范性。

但这种转变是如何实现的？这一跨界论题 T 的辩护原理是什么呢？

关于那些被“自身就受到超过一般程度的敬仰（尊重、赞扬）的人”广泛敬仰（尊重、赞扬）的，是什么使他们有资格被认为是值得敬仰的、值得尊重的、值得赞扬的？看起来这不是关于世界如何运行的纯粹经验问题，也不是知觉和价值之间的联系的概念问题（正如 J. S. 密尔关于所欲和可欲的有问题的设想）。这里面另有玄机。

就表面来看，这里起作用的是一个普遍被人们接受的有效假定——一个长期有效的推定背后有各种经验的支持，并且是建立在与所讨论的类型相关的效果评价的关键需求的基础上的。就其实际情况而言，论题 T 所能支持的类型是我们能够得到的最佳的支持类型。归根结底这种做法是不得已而求其次：现实是，对于人们在下判断这种问题上的资格而言，最可取的方式是通过如下共识之达成，即他们就被当成是具有这种资格。除了那些在“本身就受到超过一般程度的认可的人中”受到超过一般程度的认可的人之外，我们在实践中还能指望有什么更好的证据，以确认某人是不是有资格被称为真正的专家？不过这里的关键当然不是确定的事实，而是合理的推定。因此，在这类事情中，我们再次看到现在我们已经熟悉的原则在发挥作用：推定追踪的是实践的需要。

在各种具体的、关注领域更狭窄的环境下，有更为具体的推定类型发挥着重要作用。接下来的章节将考察这一现象的一些突出实例。

第十章　殊异性优先与特殊者的优先性

一、殊异性优先

一则轶事讲的是斯宾塞（Herbert Spencer）在谈到巴克尔（Thomas Buckle）（或者是反过来的？——还好没什么区别）时说他的悲剧思想美则美矣，但一个顽抗的事实就使之土崩瓦解。这涉及一个基本的认识论原则，即当有限的特殊事实和普遍的一般理论发生冲突时，尽管有其他合理的命题，取胜的仍会是前者。谚语有云，事实不容改变：一旦发生冲突，事实必定胜过理论，观察结果胜过推测思辨，具体实例胜过抽象宏论，有限的律则胜过宽泛理论。当其他事情完全相同的时候，事实问题的殊异性就压倒了普遍性。因此，影响深远的殊异性优先原则就闯进理性探究的视野中来。

殊异性优先原则可以从很多不同的角度来阐释。借助实验来检验假设的理论，是科学过程所具有的特性，而殊异性优先原则在其中是基础性的。自始至终，但凡猜想撞到现象，推测假设撞到我们掌握的材料，或者理论撞到观察，那么前者无一例外地（几乎也是自动地）让出道路。也就是说，在整个事实探究的领域中，推定都站在殊异性的一边。

这种情况不仅出现在观察与理论之间的冲突中，在较低层级（较少的概括或抽象）的理论与较高层级（更普遍更抽象）的理论之间也是如此。发生冲突的时候也是相对更具体的对手胜出。而历史科学与自然科学中的一般原则是完全一致的。一个新的考据或者一个新的考古发现足以推翻一个与之冲突的理论。对殊异性优先的偏好在其中大行其道。

哲学为殊异性优先提供了又一种解释。里德（Thomas Reid）及以他为代表的苏格兰常识学派的哲学家们，他们的研究以一种极为生动的方式对此做出了说明。这些思想家的推理是这样的：假定哲学理论的某个推测的事实与日常常识的更为具体的、现实的部分发生了冲突，那么，当然会是，也必须是那些哲学论调靠边站。

正是秉持这一精神，里德认为，在更具推测性的哲学说教面前，常识必须具有优先性。他认为大多数哲学家对此都有所觉悟，因此他不无揶揄地说道："贝克莱（Bishop Berkeley）想表明他的系统……并没有违背大众的口味，而只是没有迎合哲学家们，很高兴看到他这么做是劳而无功的。"里德坚定地认为哲学与常识之间的任何冲突都必须以后者的胜出来解决。这样一种冲突应该会发生：

> 哲学家本人必定服从……（因为）这样的（常识）原则比哲学历史更悠久，更有权威；她将他们作为她的基础，而不是他们以她为基础。如果她能够颠覆他们，她将会被埋葬在他们的废墟中，但对于此目的而言，所有驱动哲学之精妙的引擎都过于弱小。①

在哲学和日常常识信念的任何冲突中，都必须是后者胜出。日常经验的现实教训必须始终压倒任何与之相冲突的哲学理论的推想。据此，苏格兰常识主义者强调：当冲突发生的时候，常识经验胜过哲学推想。而事实上大多数哲学思维的形而上学解释都同意这一殊异性优先的观点。

殊异性优先的另一种解释（可能令人感到意外）来自纯粹数学。在考虑数学问题中运算之恰当与元数学理论之间关系的时候，著名德国数学家希尔伯特（David Hilbert，1862—1943）也支持殊异性优先。如果实质性的数学发现和大型的元数学理论之间发生任何冲突，他坚持认为后者必须自动退让，要么完全放弃，要么自我修正。这时候我们也是支持具体的殊异性而不是抽象的普遍性：鉴于此，在数学的广阔领域中，抽象数学理论相对要冒更大的风险。因此，就有了法因（Arthur Fine）所谓的"希尔伯特公理"，也就是如下论题：

> （关于一个理论的）元理论论证需要满足的（可接受性）要求必须比相关理论所使用的论证需要满足的［可接受性］要求更高。②

---

① *An Inquiry into the Human Mind*（1764），Vol. I，v（ed. William Hamilton，p. 102b；ed. Edward Brooks，p. 21）.

② 参见 Arthur Fine，"The Natural Ontological Attitude，" in Jarret Leplin（ed.），Scientific Realism（Berkeley and Los Angeles：University of California Press，1984），pp. 83-107（see esp. p. 85）. 大卫希尔伯特致力于在一个更为具体的非集合论的基础上证明集合论的一致性，这一公理所表达的符合希尔伯特的尝试。

因此，数学领域能够提供殊异性优先的另一种说明。看来在我们关于事物实在性的整个探究中，对于知识的追求优先考虑的是殊异性。也就是说，推定支持的是相对特殊和限定的东西。

二、殊异性优先之理据

关于殊异性优先，是否存在一个令人信服的理据呢？殊异性为什么应该占据有利位置，这个一般原则有合理的理由吗？

一个肯定的回答在这里显然是适宜的。相关推理过程大体是这样的：考虑一种现在与我们相关的冲突类型，这里，在其他各色无竞争的“不相干的旁观者”（x）面前，我们必须要在普遍性（g）与殊异性（s）之间做出选择，因为具有如下一般结构的推论条件成立了

$(g \& x) \to \sim s$ 或者，同样地 $(s \& x) \to \sim g$

很明显，由于确定无疑的背景 x 是固定在那儿的，s 和 g 必须牺牲一个。但由于 g 作为普遍者要容纳其他各种特殊实例，其中一些可能我们也搞错了，我们实际上面临的选择是由构成的复杂性与范围极为有限的竞争之间的冲突引起的。由于前者的扩展性为错误提供了一个较大的范围，后者必定是更保险的赌注。一般说来，普遍性的东西比殊异性的东西在检验上更脆弱。当其他的东西完全相同时，较大程度多样化的观点显然比较小程度多样化的观点更容易出现错误。

一旦我们的信息发生冲突或矛盾，需要消除的认知失调是通过支持冲突中更为特殊具体、更为确定的一方来解决的。越是普遍，包含的情形就越多，因而出错的可能性就越大：普遍性是脆弱性的一个根源，如果发生冲突，特殊性享有优先权。我们必须推定，在检验中殊异比一般占据着更好的位置，因为它们本质上更容易举证，而普遍者毕竟包含了太多殊异的东西。反过来，业已确立的普遍性比殊异性更容易被破坏，因为在诸多可能性中单个反例就会破坏一个普遍性，而要破坏一个殊异性就不是那么容易了。使普遍性为殊异性让道更容易被接受的另一个原因或许是，破坏性控制更容易发生在普遍性上，通过细微的再调整和修补，事情往往能够得到纠正，而殊异性几乎没有为补救留下空间。但这当然仅仅是决定推定的过程理性经济的又一个方面。

这就表明，通常并且是在“常规”情况下，殊异性的基础更牢靠并且因此在不一致和失调的情况下享有验证上的优先地位。当信息被提炼为融贯的知识，我们推定了更为具体的正确性，从而殊异性优先成为规则。

诚然，必须承认的是，殊异性优先并不是命题性的真之断言的问题，而是推定的程序原则。问题不在于事实的普遍化使得殊异性必然压倒普遍性，而是类似“眼见为实”或者“接受有效证据更强的断言”的认知实践的训条。这是程序原则的问题。当然，人们在这里可能会犯错：亲眼所见的并不总是事实，真理也不总是在掌握更强证据的一方。我们只需要知道，并且所有的问题只在于，合理程序的方法论步骤提供了一个通常会正确引导我们的过程。尽管并非绝对可靠，但它们是实践的好向导，为我们提供了一种总体上的充分性，而不是保证不出错的正确性。这里的推定和别处一样，与其说是证明普遍真理，不如说是基于其一般效用来验证一个程序性的实践。

三、一个奇怪的倒置：反事实的情形

在事实问题中，比如，科学中的“归纳”推理，如果面临不得已的选择，我们优先考虑殊异事实而非普遍性的东西。但是，有必要对如下突出情形作出让步，即存在一类重要的情形，殊异性优先这一更为寻常的推定在这类情形中实际上被倒置了，并且在这个倒置过程中普遍性优先出现了。这一情形并不是发生在我们处理事实问题的时候，而是发生在我们处理反事实假定和假设的时候。① 因为正是在这种情况下，倒置的策略是适当的，普遍性优先的原则出现了，使律则获得了优先于特殊描述性事实的特权。② 在这些问题中，理论和实践共同表明，对通常一致性的考虑是至关重要的，而律则性、公共性、常态性

① 关于反事实条件句及其问题可参见 N. Rescher, Hypothetical Reasoning (Amsterdam: North Holland, 1964) and Imagining Irreality (Chicago: Open Court, 2000). 还可以参阅 David Lewis, *Counterfactuals* (Oxford: Blackwell, 1973); Ernest Sosa (ed.), *Causation and Conditionals* (London: Oxford University Press, 1975); Anthony Appiah, *Assertion and Conditionals* (Cambridge: Cambridge University Press, 1985); Frank Jackson (ed.), *Conditionals* (Oxford: Clarendon Press, 1991).

② 这一原则最初是在如下文献中明确表达出来的：Rescher, “Belief-Contravening Suppositions,” *Philosophical Review*, Vol. 20 (1961), pp. 176-95，而进一步的说明可参见其著作 *Hypothetical Reasoning* (Amsterdam: North Holland, 1964) and *Imagining Irreality* (Chicago: Open Court, 2000). 关于理论的经验替代 (empirical substitution) 请参阅下一脚注。

及类似的东西是决定性的。① 正是反事实推理中系统根本性的关键作用将其标记为常识而非抽象的合理性与逻辑。

为便于说明，比较如下反事实情形：

（1）如果他打开开关，灯原本会亮（因为系统的运行就是这样设计的）。

（2）如果他打开开关，什么也不会发生（因为连接断开了）。

当然，如果我们知道连接是断开的，那么第二个反事实情形胜出。但没有这一知识的话，则是第一个胜出。理由很充分。因为问题在于这是常态性对抗功能故障。

信念：

（1）他没有打开开关。

（2）灯没有亮。

（3）只要开关被打开，灯就会亮。

假定：

非 1：他打开了开关。

面对这一假定，为了解决融贯性，必须放弃（2）和（3）中的一个。在优先考虑律则（3）而非纯粹事实性的（2）时，我们最好坚持事物合规律的、一般的、“常态的”秩序。

为了进一步说明，我们考虑如下反事实问题：

如果这个橡皮绳是铜做成的，那会如何？

显然这一问题产生于具有如下突出信念的认知语境中：

---

① 这不仅得到了理论分析的合理理据支持，而且大量的经验研究也都表明，人们实际上正是以这种方式考虑问题的。参见 R. Revlis，S. G. Lipkin，and J. R. Hayes，“The Importance of Universal Quantifiers in a Hypothetical Reasoning Task，” *Journal of Verbal Learning and Verbal Behavior*，10（1971）：86-91；R. Revlis，and J. R. Hayes，“The Primacy of Generalities in Hypothetical Reasoning，” *Cognitive Psychology*，3（1972）：268-290；H. H. Kelley，and J. Michaela，“Attribution Theory and Research，” *Annual Review of Psychology*，31（1980）：457-501；Daniel Kahneman and A. Tversky，“The Simulation Heuristic，” in Kahneman，P. Slovic，and A. Tversky（eds.）*Judgment under Uncertainty*（Cambridge：Cambridge University Press，1982），pp. 201-208；J. T. Johnson，“The Knowledge of What Might Have Been：Affective and Attributional Consequences of Near Outcomes，” *Personality and Social Psychology Bulletin*，12（1986）：51-62；Daniel Kahneman and D. T. Miller，“Norm Theory：Comparing Reality to Its Alternatives，” *Psychological Review*，93（1986）：136-53；Neal J. Roese，and James M. Olsen，“Self-esteem and Counterfactual Thinking，” *Journal of Personality and Social Psychology*，65（1993）：199-206；Igor，Gavanski and G. L. Wells，“Counterfactual Processing of Normal and Exceptional Events，” *Journal of Experimental Social Psychology*，25（1989）：314-325；and D. T.，Miller，W. Turnbull，and C. McFarland，“Counterfactual Thinking and Social Perception：Thinking about What Might Have Been，” in M. P. Zanna（ed.），*Advances in Experimen-tal Social Psychology*，Vol. 23（Orlando，Fla. Academic Press，1990），pp. 305-31，还有这些作者引用的很多相关研究成果。

信念：

(1) 这根带子是橡皮做的。

(2) 这根带子不是铜做的。

(3) 这根带子不导电。

(4) 橡皮做的东西不导电。

(5) 铜做的东西导电。

假如我们现在接到指示要接受如下假设：

非2：这根带子是铜做的。

于是，下面两个命题集就是我们指定的信念集中与假设相容的最大融贯子集。

与 {(3) (4)} 相一致的是，接受/拒斥选项 (3)，(4)/(1)，(2)，(5)

与 {(4) (5)} 相一致的是，接受/拒斥选项 (4)，(5)/(1)，(2)，(3)

第一个选项对应的反事实情形是：

如果这根带子是铜做的，那么铜就不会导电（因为这根绳子不导电）。

第二选项对应的反事实情形是：

如果这根带子是铜做的，它将会导电（因为铜导电）。

实际上我们不得不在 (3) 和 (5) 之间，也就是在这根带子的特殊质地和关于铜材料的东西的普遍事实之间做出选择。但是 (5) 的普遍性更为广泛，使得它从系统性来看能够包含更多信息，因而其优先性也是适当的。据此，我们保留4、5及非2，并因此承认第二种反事实情形是适当的。而这就是与反事实推理有关的普遍性偏好的一般情况的一个例证。

因此，正如这个例子所表明的，在考虑与反事实情形有关的假定时，普遍性优先开始起作用。我们有了更大的收获。面对反事实假定，在确定哪些信念应该避让的时候，我们要而且应该要让信息性成为我们的向导，从而使真正的普遍性立刻掌握控制权。① 推测性语境中的合理性过程变成了如下问题，即尽我们最大可能保持我们对各种相关信息的系统性把握。

四、自然的反事实情形和非自然的反事实情形

再来看这个问题："如果布斯没有谋杀林肯怎么办？"并且我们假定，这

① 但是，在这一语境中，重要的是，这里所涉及的普遍性被认为是某种规律性的，而不单是特殊实例的无规律的、偶然的加和，从而使普遍性的因素有名无实。

里主要的信念有下面列出的这些：

（1）林肯于1865年4月被谋杀。

（2）凶犯是蓄意杀害，因此如果林肯被谋杀，那就是有人试图故意杀害他。

（3）布斯谋杀了林肯。

（4）只有布斯于1865年4月试图蓄意杀害林肯。

注意，（1）、（2）和（4）得出（3）。现在假定非（3）。为了实现融贯性我们现在必须放弃（1）、（2）、（4）三个中的一个。这里（2）确定无疑是真的。（4）是一个普遍事实，而（1）只是一个特殊事实。普遍性/信息性问题的优先性规则将（1）标记为最薄弱的环节，然后我们就得到：

如果布斯并未谋杀林肯，林肯不会于1865年4月被谋杀。

类似地，我们需要解释何以如下以虚拟语气表达的反事实情形看上去是完全可接受的：

如果奥斯瓦尔德那时候不射杀肯尼迪，那么没有人原本会这么干。

而相应的指示条件句似乎就大有问题：①

如果奥斯瓦尔德不射杀肯尼迪，那就没有人射杀他。

在目前所考虑的参照系内，答案是清楚的。这里已接受的信念的背景是这样的：

（1）肯尼迪被射杀。

（2）奥斯瓦尔德射杀肯尼迪。

（3）奥斯瓦尔德单独行动：除了奥斯瓦尔德没有人试图射杀肯尼迪。

现在假定（2）被其否定式非（2）取代，即奥斯瓦尔德那时候没有射杀肯尼迪。出于融贯性的考虑，我们于是被要求放弃（1）和（3）中的一个。而在仅仅假设的情形中，通过普遍性优先，推定的信息性至上（informativeness-geared）策略现在裁定支持保留（3），因而放弃（1）并且在那一对条件句中得到前者。相比之下，另一种略去（1）的步骤就不太恰当，会导致第二个明显不合理的反事实情形。

诚然，这一条件理论上能够以一种更为复杂的形式重述，从而得到补救：

如果奥斯瓦尔德没射杀肯尼迪，那就没有人射杀他；因此既然肯尼迪被射杀了，那就是奥斯瓦尔德干的。

---

① 这个问题的讨论参见 E. W. Adams，“Subjective and Indicative Conditionals,” *Foundations of Language*，6（1970）：39-94.

在这个修正版本中，这个条件句实际上构成了关于奥斯瓦尔德并未射杀肯尼迪的一个归谬论证。但现在很显然，这些条件句针对的问题是迥异的，即分别对应的是，

拒斥（1）：

假使奥斯瓦尔德那时候没有射杀肯尼迪会怎样？

和保留（1）：

谁射杀了肯尼迪？

条件句和事实陈述一样，要解决的问题成为关键因素。

自然与非自然的反事实情形，其区别在当下语境中当然是至关重要的。为了说明这一点，我们假定我们知道抽屉中的硬币全部都是铜质的。那么我们可以毫不犹豫地说：

如果我所想到的是钱柜中的硬币，那么它就是铜做的。

但是我们当然不可能违反事实地说：

我所想到的硬币要是在钱柜里的话，那么它会是铜做的。

毕竟，我所想的完全可以是某个银币，它当然不会因为放在钱柜中而改变其材质。

但怎样才能解释这两种情形之间的区别呢？令 $C=\{c_1, c_2, \cdots, c_n\}$ 为钱柜中硬币的集合，根据假定所有这些 c_i 都是铜做的。现在考虑如下假定：

令 x 为 c_i 中的一个（也就是说，令它为目前在钱柜里那些硬币中其他方面并未指定的一个）。

显然，这一假定，加上我们原有的“所有的 c_i 都是铜做的”，将得出“x 是铜做的”，从而验证了第一个条件句。

但在第二种情形中我们仅仅有如下假定：

令 x 为钱柜中的一个硬币（但不必是目前在钱柜中的那些硬币中的一个）。

现在这一假设加上“所有现在在钱柜中的硬币都是铜质的”，当然不会得出那个结论。据此，第二种反事实情形是成问题的，因为作为其省略式推理之基础（enthymematic basis）的有效信息并不足以验证不可或缺的演绎。两种反事实情形是不同的，因为它们涉及不同认知状态的不同假定，第一种情形的指示性使用和第二种的虚拟性使用标示出了这一细微区别。对于前者，我们处理的仅仅是实际上的安排，而在后一情形中是合规律的普遍性。因而普遍性优先说的就是后一种选择。这里所有的区别就在于合规律性，因为普遍性优先已经在发挥作用。

诚然，如果反事实假设本身就是特殊的，这种情况下我们可能不得不使一种普遍化的东西为它让路。这通常发生在一些思想实验中，这些思想实验运思的结果可能会推翻普遍化的东西。因此，考虑如下与重物（如石块）从高处跌落地面这一情形中的普遍原则的检验有关的反事实情形：

如果昨天这个重石块在高处被松开时，它没有落下地面，那么普遍原则 g 将是错的。

（1）这里我们对实施情况有如下信念：

（2）昨天这个重石块在高处被松开。

（3）石块随后落地。

（像石块那样的）重物在高处被松开后落地（=普遍原则 g）。

如果现在要求假定非（2），由此产生的不融贯导致在放弃特殊的（1）还是普遍的（3）之间必须做出选择。根据自动的普遍性优先，人们将不得不保留（3）而抛弃（1）。但事情在这个思想实验中当然不是这样进行的。因为现在所讨论的特殊性论题，即（1），在这里是能够免于被抛弃的，这是因为它本身就是所讨论的假定的构成部分。

五、重要教训

因此，反事实情形中关键的是，一旦发生冲突，在确定通行权以恢复融贯性的过程中，特定的优先原则和优先性如何发挥引导作用。因为这时候我们是基于如下规则行事的：

在反事实推理中，在突出问题（issue-salient）的信念中，优先通行权是由其普遍性决定的，而这种普遍性是通过当下系统语境中的信息性（informativeness）引入的。

在反事实语境中，普遍性因此优先于殊异性。一旦我们进入反事实假设（fact-contravening hypotheses）的领域，在事实问题中我们使之服从殊异（specifics）的那些普遍性论题和观点，现在成了我们的护身符。我们誓死捍卫它们，尽我们一切所能来保证它们的地位。现在我们的口号就是“关于事物现实情况的信息，要尽可能地抢救多一些”。因此，殊异与具体这个时候让位于普遍和抽象。

这种情形可以被概括为一个统一的标语：在假定的情形中，推定的标准做法就是优先考虑基于系统性偏好的信念。但确定这一通行权问题根据的是更广泛的知识背景下的信息性。当我们面对世界的各种事实不知所措时，我们需要安全性，固其根基勿使动摇。一旦我们进入反事实假设和假定的领域，这些普遍真理和理论就会变得更畅通无阻。因此，这个时候殊异与具体就让位于普遍和抽象。

在此基础上，反事实语境中的标准策略是，被认为在当前系统语境下相对更具有信息性的命题优先于那些具有较少信息性的命题。在面对信念冲突的假设时，通过削减和放弃我们相关信念集合中的一些信念来进行修正，这是必然的、无法避免的，我们放弃的信念希望能够尽可能地少。这其中的支配性原则就是“从系统的信息性着眼，于最薄弱的连接处打破不融贯性的链条”，继而就提供了普遍性优先。因为为了确定哪些信念在面对反事实假定的时候要让路，我们要而且应该要让信息性成为我们的向导。对各种相关信息的系统性把握是关键，而这里显然是支持普遍性优先的。

六、结　　论

这些探讨的收获是显而易见的。如果冲突是发生在现实语境中看似可接受的命题之间，那么合理性和推定的相关模式将引导我们采取殊异性优先的立场。但在反事实语境中，信息储存的经济性是最重要的，我们的运思服从普遍性优先原则，它具有系统的合理性。就事实领域中的冲突而言，推定依赖特殊性一方，而在猜想的反事实领域，它支持合律则的普遍性。从更大的范围来看，两个彼此相反的原则，即殊异性优先和普遍性优先，在我们的整个探讨中都发挥作用。但它们出现在认知领域的不同地带——事实探究和反事实猜想。而两种情形中类似的是，这些活动的合目的性本质上决定了相关优先化原则的适用性。

问题的关键在于，相关探讨的具体领域，其目的的多样性再一次构成了决定性的因素。就事实研究的领域而言，我们的目标在于认知承诺的安全性，因而选择具有更大举证安全性的殊异性作为更可靠的向导。相比之下，对于反事实推理，我们要搞清楚怀疑一个假设会有怎样的后果，我们将优先考虑普遍性，因为在不一致的假定的冲击下，我们的认知承诺中产生了混乱，我们要努力在这种混乱中最大限度地拯救更多的信息。因此，和其他地方一样，正是当前活动在目标和目的性特征上的区别解释了适当的程序性过程上的区别。纵观推定在其中发挥作用的所有领域，主要包括探究、交往和社会互动，都有相同的基本因素在起作用：理性经济。正如我们已经看到的，推定始终是摸黑跃进的。它包含我们为达到目标而甘愿承担的风险。但在计算所有付出与收益特征时，理性实践在这里再次成为关键。推定原则是理性经济不可或缺的一部分——其效果就是要实现如下原则，即实现目标的方式总体上能够为我们所从事的活动提供最经济有效的前景。

第十一章　消除极小可能性

一、引　　言

有识之士早就注意到并且已经强调，理论理性和实践理性之间存在重要的区别，而问题的解决在纯粹理论性事情中（除了有误解信念的可能，没什么大不了的事情）与在实践的事情中（可能会导致某种实际的伤害）也大相径庭。或许，比起有些受冷落的极小可能性问题——那些概率极其微小的可能，没有什么能够更有力地解释这一情形了。我们在这里面临的问题是：就实践问题而言，应该把一个微小概率（一个有效的无穷小量级 $\in$ ）看成是和零一样，然后当成是没有任何数量级来处理吗？使用概率来做期望值的比较，从而引导我们如何作出决定，在这个过程中我们能够而且应该采用 $\in = 0$ 这一等式吗？① 我们要忽略那些小概率并假定它们为零吗？有时候答案是相当肯定的。因此，本章要讨论的是推定的一种颇为特殊的情形，其回答牵涉我们对未来的筹划，即从我们的筹划中消除微弱的、牵强的可能性。

二、效果为零的概率

概率和认知推定是密切相关的。从概率走向推定，应考虑如下环节：当需要做出回答的时候，可选项的概率有助于提供指引。而从推定走向概率，其中间环节的考虑是，如果我们认为某个回答是行不通的，我们就不会推定它。

概率必须在 0 和 1 之间取值。而 0 和 1 之间的数字的确可以变得极其小：当 N 取的值很大，$1/N$ 就会变得非常非常小。这样的话，在合理的风险管理

---

① 本章所讨论的一些问题在拙作《风险》（Rescher, *Risk*, Lanham, Md.: University Press of America, 1983）一书中亦有讨论，特别是第 35-40 页。感谢本·埃格尔斯顿（Ben Eggleston）提出的建设性意见。

中，对那些极小概率人们该如何是好呢?[①]

关于这个问题，研究数学和自然科学中的理论导向问题的概率论者和研究与人类事务相关的实践问题的决策论者之间，存在专业性的分歧。前者采取的路线是，小数字就是小数字，必须要实事求是地纳入到考虑中来，也就是说，其实际上有多小就要考虑到多小。后者倾向于采取的观点是，小概率代表的是极渺茫的前景，可以忽略不计［法律不问琐事（*De minimis non curat lex*），正如这一法谚所表明的：在人类事务中没有必要纠缠于过分琐碎之事］。如果某件事情发生的概率相当于公平地掷一千次骰子每次都掷出六，那么，不妨这样来看，我们可以比较稳妥地将其抛诸脑后。作为一种实践策略，我们对概率的运用是基于如下原则的：对于适当小的$\in$，若$x<\in$，则$x=0$。我们采取的进路是，在现实生活条件下的人类事务中，出于各种明智的目的，一个足够微小的可能性可以被推定为是零概率的。

因此，这种微弱可能性可以直接被忽略掉，据此，相关被忽略掉的结果也无需理会。而在“现实世界”中人们事实上的确似乎准备将一些概率当成基本为零，不再把某些相当不大可能的可能性看成真正的可能性。[②] 这里，一个非常不大可能的事件被我们直接看成是“超出我们适当关注范围之外”的东西，可以出于“各种实用的目的”将其忽略掉。

正如一本关于保险的著作中所描述的：

> 人们……不会为低于某个概率阈值的损失而忧心。低于该阈值的概率被看成是差不多为零的。[③]

无疑，可能性微乎其微的事件具有这样一种转瞬即逝的可能性，就某种字面意义而言，这种事件是有可能发生的，但这种“有可能”只起某种象征性的作用，而不再被认为代表了现实的前景。

正如大卫·刘易斯所指出的，在认知语境中，0 概率或 1 概率的指派意味着

---

① 最近关注归纳问题的概率论者关于极小概率的研究几乎仅仅是在科学概括和科学规律的概率这一背景下展开的。(参见 Richard C. Jeffrey, *The Logic of Decision*, 2nd ed. Chicago & London: University of Chicago Press, 1983, 190-195. 以及 John Earman, *Bayes or Bust*, Cambridge, Mass.: MIT Press, 1992, pp. 86-195.）命题的认知可接受性这一问题与决策理论所关注的行动指引问题自然是大相径庭的。

② 理论上，当可能性的整个范围中大量分布着这种不大可能发生的事件，几乎为零的临界值这一概念会导致异常。所谓的彩票悖论就是一列。参见 Henry E. Kyburg, Jr., *Probability and the Logic of Rational Belief*（Middletown, Conn.: Wesleyan University Press, 1961.）但这种理论上的烦恼是无害的，因为事实上现实生活情形绝大部分并不采取这种有问题的形式。(参照本章后面第四节)

③ Paul Slovic et al., “Preference for Insuring against Probable Small Losses: Insurance Implications,” *Journal of Risk and Insurance*, 44 (1977): 237-258 (see p. 254).

"绝对的确定性，相当于无论如何都不会让你动摇心智的一种顽强决心"①。但是，决策理论在行为选择过程的语境中实际使用时，设定一个零概率只不过意味着临时性地将相应的可能性从当前情境适当关注的对象中排除出去。因此，在实践语境中，对所涉及的概率的这种处理本质上是许可问题——作为一个策略问题，确定一个足够小的、能够被看成是分界点的特定概率，低于这一分界点的概率不再被看成是"真正的可能性"和"真正的风险"。这一消除概率的推定在这两种考虑的背景中是相当不同的：在一个当中绝对确定的，在另一个当中只具有实践的确定性。

当然，这样诉诸有效的零概率并不表示一种严格意义上的客观的、事实的情况（毕竟，$\in = 0$ 形式上是错的）。它反映的是一个选择问题或决策问题，即将某种理论上存在的可能性看成是不真实的，不值得为之费心的，简直微不足道因而能够当成零来看待的一种实践步骤。这并不是说那些最小值是不存在的，而是说我们不需要因为不太可能出错的事情而杞人忧天。简言之，我们是出于实践考虑而忽略它们的。毕竟，我们对问题的操作是在实践领域而不是在理论领域。

因此，需要强调的是 $\in = 0$ 并不是作为一种事实的观点进而使我们陷入某种类型的有用的错误（*felix culpa*）而被采用的。尽管这是一个不正确的断言，但并不是图便利的问题，而是一个实践策略的程序问题。这一情形与推定的如下情形类似："在缺乏明确的相反迹象时，承认人们所说的是真的。"如果是作为一种事实的观点而被接受（删去承认），那么这一断言就是错误的。但它却被证明是一种有效的实践策略。

三、多小才算小?

当然，问题仍然存在：要小到何种程度才算"几乎为零"？$\in$ 取什么样的值才能使 $\in = 0$ 的推定生效：有效的零概率，其准确的临界值究竟是多少?

这显然不是那种能够一劳永逸地解决的问题。想来会视具体情形而有所变化，如相关数额的量级。因为允许有效的零概率的临界值反映相关威胁的量级似乎是合理的，取的值越低相关危险的量级就越高。因此，经验条件似乎表明了在考虑，比如，人类生命所面临的风险时，倾向于以人遭受自然灾

---

① David Lewis, "Causal Decision Theory," *Australasian Journal of Philosophy*, 59 (1981): 14.

难（或“上帝的安排”）而死亡的概率作为底线，在美国这个数字大约是每年1/1 000 000。这可以被看成是与物理系统中“噪声级”类似的某种东西，死亡概率实际上小于这个数值的就会被看成是可以忽略不计的。食品药品管理局所提出的更保守的标准“一生中的百万分之一”，似乎就是建立在这一方法的基础之上。[①] 人们乘坐商业飞机旅行时可能遇空难而殒命，人们在面对这一概率（美国在9·11事件之前大约是三亿分之一）时的态度同样也解释了这一观点（在这些事情中，大多数人既不会焦虑也不会买保险，除非由“公司偿付”）。

但是，在这方面必须注意一个重点。我们视之为有效的零的那个概率值，实际上必须非常确定。但是现实生活中的概率值很少有那么精确的。因此，说一个特定概率实际上几乎为零，这一判断一般而言很难贯彻。一个突出例子是20世纪70年代美国原子能委员会提出的关于核电站意外风险的《拉斯姆逊报告》（*Rasmussen report*）（以研究主任诺曼·C. 拉斯姆逊的名字命名）：

> 从生活在一个反应堆附近的人的角度来看，在任何年份因反应堆事故而丧命的可能性在3亿次中有1次机会，在任何年份因反应堆事故而受到伤害的可能性在1.5亿次中有1次机会。[②]

支持这一发现的理论计算诉诸了如此多的推定，有关于事实的、环境的，以及操作原则的，使得这种概率的估算变得极不可靠。在纯粹理论科学的范围之外，低于实验室错误的临界值是我们过于乐在其中的事情，而这就使我们在支持小概率在技术应用领域和社会运用领域中的不同时面临巨大困难。统计概率在这方面是非常成问题的，特别是由于统计数据在极罕见事件的情况下往往是有欠缺的或不可得的。个人概率，也就是说纯粹的猜测，在评估极低概率这一语境中同样是非常脆弱的（比如，地理学家凯茨所采访的洪灾灾民断然否认洪水有可能在他们所处的地域再次发生，他们错误地将此次洪灾的发生归结为罕见的组合或情况，再次发生是极不可能的）。[③] 有人认为在安全工程的语

① U. S. Food and Drug Administration, “Chemical Compounds in Food-processing Animals. Criteria and Procedures for Evaluating Assays of Carcinogenic Residues” (Washington, D. C.: U. S. Government Printing Offices March 20, 1979; 44 *Federal Register*, 17070-114.)

② U. S. Atomic Energy Commission (U. S. Nuclear Regulatory Commission), *An Assessment of Accident Risks in U. S. Commercial Nuclear Power Plants* (Washington, D. C.: U. S. Government Printing Offices 1974); summary volume AEC Publication WASH-1400 (Aug., 1974). Quoted in William W. Lowrance, *Of Acceptable Risk* (Los Altos: Kaufmann, 1976), p. 73.

③ R. W. Kates, “Hazard and Choice Perception in Flood Plain Management,” Research Paper No. 78, Department of Geography, University of Chicago, 1962.

境中，不可能构建令人完全信服的论证以支持极小概率（低于/10^5）。① 此外，有时候夸大其词造成一个独特的极小可能性是颇具诱惑力的。实际上已经有各种文献致力于描述估算极低概率出错的可能方式。② 因此，在这方面小心谨慎是非常必要的。③

四、为什么要接受“效果为零”的临界值

将极小概率看成是效果上为零，这一观点由来已久——可追溯至18世纪的布冯和19世纪的考纳特。④ 这一策略将某些事件看成是道德上不可能的，将其不实现看成是道德上必然的事情（在传统术语中，人们可以代之以“实践”）。采用效果为零的临界值，其最初的动机产生于丹尼尔·伯努利（Daniel Bernoulli）的“圣彼得堡悖论”，这一悖论由如下想象的游戏构成：⑤

公平地抛硬币，直到人头的一面朝上。如果是在第 n 次抛硬币的时候人头

---

① J. P. Holdren, “The Nuclear Controversy and the Limitations of Decision Making by Experts,” *Bulletin of the Atomic Scientists*, 32（1976）: 20-22.

② G. W. Fairley, “Criteria for Evaluating the ‘Small’ Probability of a Catastrophic Accident from the Marine Transportation of Liquefied Natural Gas,” in D. Okrent（ed.）, *Risk-benefit Methodology and Application: Some Papers Presented at the Engineering Founda-tion Workshop*, *Asilomar*（Los Angeles: University of California, Department of Energy and Kinetics, UCLA-ENG 7598; 1975）; Baruch Fischoff, “Cost-benefit Analysis and the Art of Motorcycle Maintenance,” *Policy Sciences*, 8（1977）: 177-202; A. E. Green and A. J. Bourne, *Reliability Technology*（New York: Wiley-Interscience, 1972）; Paul Slovic, “Behavioral Decision Theory,” *Annual Review of Psychology*, 28（1977）: 1-39; A. Tversky and D. Kahneman, “Judgment under Uncertainty: Heuristics and Biases,” *Science*, 185（1974）: 1124-1131.

③ Jean Le Rond d'Alembert（1717—1783）已经注意到这一矛盾情形。一方面他采用一个极小数学概率应该被当成是有效的零概率这一原则：“quand la probabilitéd'un événement est fort petite, elle doit être regardée et traitécomme nulle”，［*Reflexions sur le calcul des probabilités*, art 10（*Opuscules mathématiques*）, Vol. 2 10ème Mémoire（Paris: David, 1761）］. 另一方面，在如此小的量级要可靠地确定一个清晰事件的可能性，这实际上是不可能的，从而“d'assigner la loi de cette［miniscule］diminution, c'est ce que ni moi, ni personne, je crois, ne peut pas faire”［*Doutes et questions sur le calcul des probabilités*（1767）, *Oeuvres*（Paris: Belin, 1812;）, Vol 7, pp. 451-462］.

④ 参见 Theirry Martin, *Probabilités et critique philosophique selon Cournot*（Paris: Vrin, 1990），他在“考纳特原则”这部分讨论了可能性很小的事件极为罕见的观点——可能性越小越罕见。马丁不遗余力地反对考纳特的如下观点，即一个小概率，不管有多小，都能够被设定为0或者表明了一种“物理共存性”。（参见 Martin, *Probabilités*, Chap. 5, pp. 171-237.）若我们自己甘冒风险，那么最多我们能够决定将小概率事件看成是不可能的，但这就是心理学的（或道德的）不可能性而不是物理的（或本体论的）不可能性。亦参见 Kenneth J. Arrow, “Alternative Approaches to the Theory of Choice in Risk-Taking Situations,” *Econometrica*, 19（1951）: 404-437（see p. 414）.

⑤ 伯努利1738年的论文原作“Specimen theoriae novae de mensura sortis”已经被翻译为英文发表在 *Ecomometrica*, 22（1954）: 23-36，德文有普林舍姆（A. Pringsheim）翻译为 *Versuch einer neuen Theorie von Gl¨ucksf¨allen*（Leipzig: Duncker und Humblot, 1896），还被翻译为很多其他语言。

的一面朝上，那么赌徒就要支付 2^n 个硬币。赌徒应该准备多少钱来玩这个游戏?

很容易看出这场赌博的数学预期值是

$$\sum_{n=1}^{\infty}(2^n)\times(1/2)^n$$

这个值显然是无限的。因此，按照通常的标准，赌徒应该会乐于押上任何有限的赌注，不管数额有多大。但这明显是反直觉的。于是布冯提出，解决这个问题就必须要注意到，由于 n 的不断增加，概率 $(1/2)^n$ 实际上会迅速变得非常小。一旦达到这些小概率事件被看成是“实际上不可能”的阶段，回报的数学期望值就变成有限的了，悖论也就解决了。

诚然，或许有其他更好的方式来克服这一特殊的障碍。[①] 但同样也由于其他紧迫的理由消除相当不太可能的可能性。其中一个就是我们避免愚蠢行为的需要和欲望。在人们的筹划中消除虚无缥缈的事情几乎可以说是“人类的本性”。毕竟，有太多这样的事情要以特殊的方式来处理。要求我们处理这种极小可能性就是将我们自己置于无限多的选择中苦于追逐不知所措。

于是纠结于极小可能性也会导致可笑的无所作为。图 11-1 的度假者两难说明了这一现象。忽略非常小的灾难不幸，将其置于真正可能性的范围之外，即通过将灾难的可能性看成是可忽略不计的，在按照期望值计算所代表的标准决策制定方法行事的时候，这显然是避免那种可笑的无所作为的一种有效手段。度假者采取合理的方式将灾难的概率看成基本为 0，从而不会害怕不可接受的可能结果。人们一般（而且是无可非议地）遵从如下假定，即对于相当不太可能的灾难，其概率能够被设定为 0；在具体的日常生活情境下，令人不快的极其不大可能的事件能够被置于“真正的”或“真实的”可能性之外而不予理会。因极小的可能性（即便是重大灾难）而杞人忧天，会让人生活举步维艰[②]。因此较为合适的考量似乎是支持消除极小可能性，因为这使我们能够从容不迫地处理异常和反直觉的结果。由于在某些情形下对决策理论的标准

---

① 参见 Richard Jeffrey, *The Logic of Decision*, 2nd ed. (Chicago and London: University of Chicago Press, 1983), pp. 151-55. 伯努利本人的经典方法是按照效用而非金钱来推进估算的过程，试想金钱的效用会随数量而成指数下降。另一种方法是用赫伯特·西蒙的观点“适可而止”再配上他的“满足于”概念。参见 See Michael A. Slote, *Beyond Optimizing* (Cambridge, Mass.: Harvard University Press, 1989). 这个问题数学方面的探讨见于 Emile Borel, *Valeur pratique et philosophie des probabilit'es* (Paris: Gauthier-Vellers, 1939).

② 也有可能抱有这样的想法，如果真正的灾难都被当做“不可接受”的可能性，那么在任何情况下人们都不不会想要去冒险——无论风险成真的可能性有多小。但这提出的是不同的问题，导致其他与当前讨论大异其趣的方向。

原理的依赖将不再是合理的，除非我们准备将极小概率当做 0 消解掉。[①] 如果没有这样一种实践策略，在这种阶段条件下数学期望值就不再是合理决定的、安全且明智的向导。

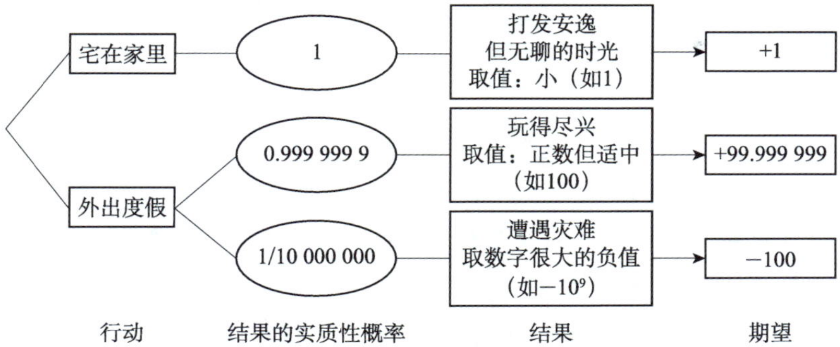

图 11-1　度假者两难

这里的期望值是结果概率乘以其所取值所得到的乘积。所以最下面一行我们就得到 $10^{-7} \times -10^{9} = -100$

诚然，也存在这样一些情形，当我们设定 $\in = 0$ 的时候我们会遭受损失。因此，考虑图 11-2 的情况，它描绘了这样的情形，一个人面临的选择是要么付 X 美元参加博彩，有百万分之一的机会赢取百万美元大奖，要么放弃此次博彩。由于参与的期望值是 1 美元，按照经典原则，如果参与的成本是 99 美分(或更少)，那就会禁止人们参与进去。另外，如果我们采用 $\in = 0$ 的设定，那么期望值比较将抵消为 0，因而，按照经典决策原则，我们的行动者在这两种不同选择面前完全没有任何倾向性。

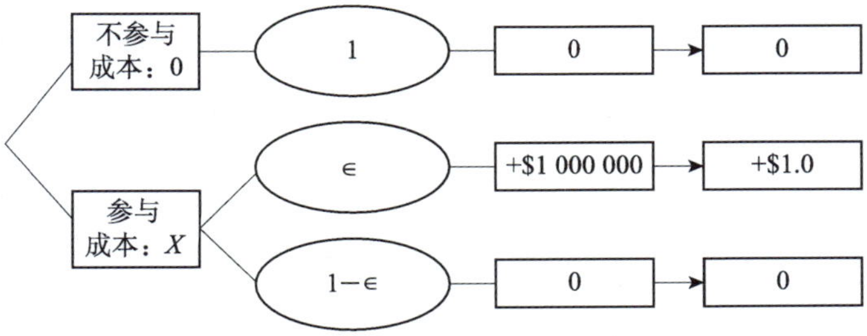

图 11-2　博彩困境

$\in = 10^{-6}$

---

① 事情的另一面在于小灾厄和大劫难之间的区别——后者的发生是如此可怕以至于我们在任何情况下都不接受任何涉及实现概率真正大于零的做法。关于这个问题参见 Rescher，*Risk*（Lanham，Md.：University Press of America，1983），pp. 75，76.

按照期望值原则，在度假者两难中，主体在极小可能发生的灾难风险面前看起来似乎会放弃极有可能的收获。但是在博彩困境中，这一策略使我们的主体期望以一定代价（虽然很有限）换取一个赢得数额巨大但极不现实的收益的机会。设定 $\in=0$ ，这一想法从后一立场来看似乎没那么吸引人。因此这里我们也有一个选择的问题。

五、效验问题

可以从决策理论的视角来审视摆在我们面前的问题。在讨论这种决策问题的时候我们还隐含地要面对一个二阶决策问题，即决定是否使用设定 $\in=0$ 的策略 R^+ 或者不作如此设定的策略 R^- 。由此以正统方式继续下去，我们从两个方面进行期望值计算，然后作比较。继而以图 11-3 中的方法论角度来考虑度假者两难的情形。在此基础上就能看出，就优势性而言第二种选择看上去明显比第一种更好，所以 R^+ 是适当的。

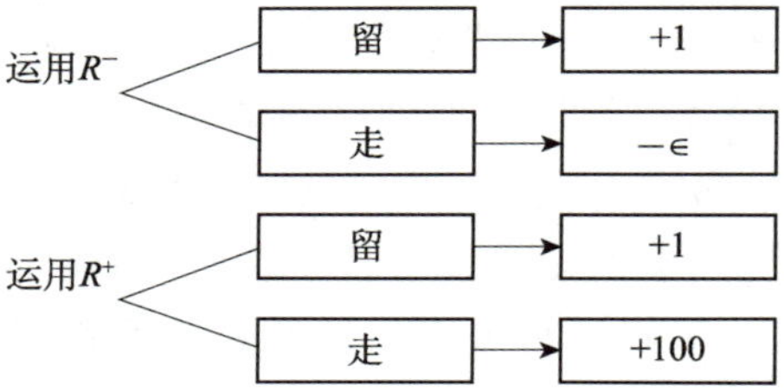

图 11-3 方法论层面的度假者两难

但同样按照图 11-4，博彩困境的结构就与之形成了对比。这里第一个选择比第二个更具吸引力，因为不论是否参与，我们通过遵从其建议而得到相对较好的经历。因而 R^- 确立了优势，在这种情况下它是恰当的。

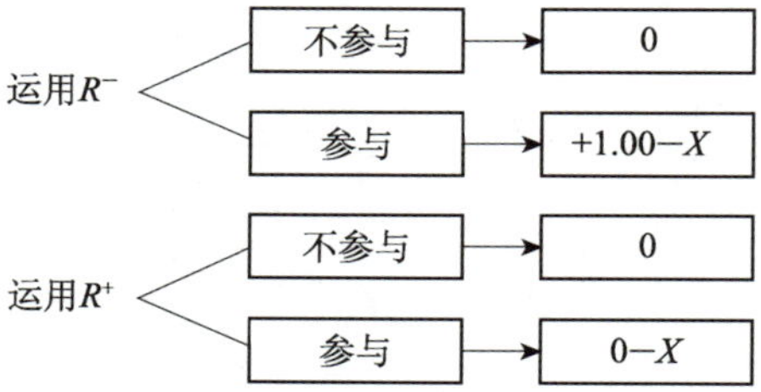

图 11-4 方法论层面的博彩困境

问题的关键在于 $\in=0$ 这一设定本身能够被看成是一个（二阶）决策问题，它在特定情形中提出程序选择问题，而这一决策问题同样能够通过标准决策理论的方式加以解释。

六、克服一个问题

的确，又一个担忧即将出现。因为事实上，微小概率的大量累积能够变得不容忽视。[1] 因此如果我们系统地、按部就班地采取步骤针对极小∊设定 ∊ = 0，那么试想一个巨大的轮盘赌，上面的格子数不胜数，从而结果在任何给定格子的概率要小于某个极小的∊。现在考虑结果出现在这些格子中的某一个的概率。由于轮盘中的球必定会停止于某处，这个值显然是1。但是，任意特定格子的概率是某个∊，它被设定为0，并且0与任何数值相乘等于0。所以在此基础上，上述提到的概率为0。我们将极小概率设定为0的策略使我们陷入矛盾境地。[2] 关键在于大量的间隔能够被小步骤的重复贯穿始终，如果设定一小步为0，那么按照标准的数学原理$0 \times n = 0$，它们的重复不论有多少次都仍会是0。人们该如何面对这种不融贯性呢？

解决办法就是虎口拔牙，单刀直入，规定在任何具体决策问题的整个过程中，将∊等同于0的步骤只能有一次。[3] 因为当我们设定 ∊ = 0 时，一个断言结果的概率为1的命题会被认为实际上是确定的。正如彩票悖论所表明的，这种命题的合取本身可能被，也可能未被证明实际上是确定的。

因此，我现在可以宣告如下实践考量的原则：

在实践推理的过程中（但仅限于此），前提中包含一个（但仅限一个）仅仅事实上确定的命题是可接受的。

诚然，有时候大量的情形可以被归结为一种情形。但并不总是如此——尤其体现在那些破坏性的情形中，如彩票悖论中那些造成我们所讨论的那些问题的情形。

思考一条只能做有限次使用的程序规则可能看上去有点奇怪。但做个类比可能有助于使这一情形变得更合理：考虑缩写惯例中所涉及的实践规则，写的时候每第四个字母删除（一个空格计一个字母）。我们把这一规则用于本段第

---

① 对此，德国谚语的表达是“Kleinvieh macht auch Mist.”（译者注：小家畜也有粪便，积少成多之意）。更重要的是，大范围的、不起眼的小风险集合起来就不再是可有可无的了，这也是为什么人们会走进劳埃德保险公司买保险的原因。

② 这一情况所反映的就是所谓的彩票悖论，最初的阐述见于 H. E. Kyburg, Jr., *Probability in the Logic of Rational Belief*（Middleton, Conn.: Wesleyan University Press, 1961）.

③ 这一限制条件要求为什么是单个决策的语境划定边界。这个问题并非易事，它最终涉及可控制的复杂性，这就超出了当前考略的范围。

一个句子。

IT * MAY * SEEM * ODD * TO * CONTEMPLATE * A * RULE OF * PROCEDURE

执行上述限制规则我们就得到：

IT * AY * EEMODDTO * ONTEMPLTE * * RUEOPROEDUE

这时候（或许只有）相当聪明的人才有可能搞清楚这句话的意思。读者还可以做这样的联系来验证一下，看看当这一规则再次用于处理同一文本的时候，事情是不是就陷入不可救药的境地。按照同样的方式，设定 $\in=0$，这一策略在使用的时候不仅要慎之又慎考虑周全，而且要珍惜，不可轻动。从根本上讲，仅适用一次的限制在这两种情况下的理由是相同的，即在这种规则的重复使用中相关信息受到的危害太大了。在上述两种类似情况下，我们都看到了这样的例子，即一个因不知道适可而止而导致其可行性受损的实践——一种实践资源的重复使用可能非但于事无补，还会导致功败垂成。

七、结　论

这些探讨的收获是，论题 $\in=0$ 的状态并不是业已建立的真理，而是一个推定。但是，和很多其他推定一样，在作"效果为零"这一推定的时候必须慎之又慎。和往常一样，推定是可废止的：显然我们不可能无时无刻、随时随地基于 $\in=0$ 行事。"只要我们能和睦相处"，我们就能够在此基础上行事。但如果它将我们引入樊笼，我们就暴露为只可共富贵不可共患难的朋友，毫不犹豫地抛弃它。不过这并不意味着我们不应该期望在许多场合下与之和睦相处。而这就是问题的关键：在这些决策理论的事情中诉诸等式 $\in=0$ 本质上所意味的效果为零，并不是一个事实推测而是一个可废止的推定，和其他所有推定一样，其基础是它在我们实践旨趣的更广泛的设定中的系统实用性。

毕竟，生活中我们总是要冒险的。这里，一个明智的程序所需遵从的普遍准则内在于如下实践策略：

如果沿 X 方向行事是有益的或便利的，而且真的很少导致错误和麻烦，那么它就是明智的，并且适合以这种方式继续。

如同其他推定的情况一样，设定 $\in=0$ 遵循的正是这样一条实践策略——实际上是其发挥作用的一个典型案例。

于是归根结底，需要区分三种类型的决策情形：

- 确定无疑的情形，期望值比较的标准过程可以按通常的方式使用。

- 完全灾难性的情形，存在我们不想冒的风险，不论其发生的概率有多小。
- 通常类型的极小概率情形，如同这里预想的那样，我们将选择使用视而不见（ $\epsilon = 0$ ）的策略。

真正麻烦的问题是，在同时陷入后两种情形的时候该如何决定行动，因为是两个相互冲突的原则在其中发挥作用：无视极小可能和绝不能因冒险而大难临头。因为这里左右为难的是，很不幸没有办法仅凭抽象理性原则找到一种简单的解决方案。我们各掏腰包各取所需，因而没有选择只能自作自受。在引导我们的决策时，效果为零只不过是一个可废止的推定。在实践事务的管理中，鉴于有关我们选择的各种现实，能做到这样就是最好了，所以和别处一样，这里也不能要求更多了。最终，实践理性没有合理的选择，只能在理论理性强加的限定下前进。而由于推定在某种程度上始终是黑暗中的一跃，人们必须认识到在这样的情况下估算必须为常识留有余地。最后，这里所需要的解决方案只能在主观判断的基础上得出。

当然，在这种问题中很可能出错。但难得一见。我们会想，“多半不会出现在当前面对的具体情形中”。而且，对忽略 ϵ-概率加以效验因其本身而非常好理解。事实上它是一种自我辩护的策略。这并不令人遗憾。毕竟，任何真正基本的认知过程最终都必定证明是自足的。而这里，在目前的例子中，自足性并非瑕疵而是优点。

结　　论

大多数关注知识的哲学理论家——古典唯理论者（如笛卡儿和斯宾诺莎）和经验论者（如休谟）以及后来的许多思想家，从布伦塔诺到我们同辈人，是在“我们确定地知道什么”这一意义上首先关注知识。这使得除了像拉姆塞（F. P. Ramsey）、凯恩斯（J. M. Keynes）、卡尔纳普（R. Carnap）等有数学旨趣的理论家涉足概率领域之外，当代认识论几乎完全忽视了不确定性这一领域中诸概念的范围，概念的灰色地带，如推定和似真性，对真理有一种非决定性的、尝试性的促进作用。

对确定性的追求持续散发着一种魔力，让当代关注知识的理论家几乎如痴如狂，因而他们倾向于忽略未能宣称有确定结局的认知主张。按理说，我们可以认为认识论具有更广泛的涵盖，不只是涉及这样一种知识，也应该包含大量各种的认知问题，如信念、猜想、假定及很多其他问题。在整个认知理论中，推定概念才体现出其价值，并且为基础主义认识论提供了一种健康的解毒良药，这种基础主义认识论不足以为理性探究提供充分的理论基础，这一点近年来越发清楚明白，因此这个主题是很及时的。现在哲学家和认知理论家们对模糊性和推测这样的问题越来越感兴趣，因为这些问题揭示了信息不完整的次理想条件下理性交流和探究的方式。

由于原因背后又总是有原因，理性反思的过程永远不会达到绝对的终点，因此，推定才显得格外重要。在理性过程中，仅凭它就能够使我们解决这些问题，即那些明证性尚未达到旅程终点的问题，而这种旅程从根本上说是无法完成的。

事情并不总是如其所成。在古典时期，推定概念在知识理论中就发挥了重要作用，尽管具体术语有所不同。预期［*prolepsis*，一般翻译成 preconception（先见），但实际上相当于“自然推定”］概念是由伊壁鸠鲁引入的，在伊壁鸠鲁学派和斯多亚学派的知识论争论中发挥了突出作用。① 而且，在处理与知识的本质和效验有关的各种问题方面，这些古代思想实际上仍具有重要前景。毕

① 近期有益的一个讨论见于 F. H. Sandbach，“Ennoia and Prolepsis in the Stoic Theory of Knowledge,” in A. A. Long（ed.），*Problems in Stoicism*（London：Athlone Press，1971），pp. 22-37.

竟，即使我们将兴趣集中于知识本身，我们也必须认识到知识并非凭空产生，而是在假设、推定、猜想、假定等所构成的背景中产生的，不处理好这些问题就不可能对知识的本质有恰当的理解。

忽略有合理保证的推定所发挥的作用，哲学家们的这一倾向可以通过结合波普尔关于自然一致性原则的有趣讨论来解释。他写道：

> 当康德说我们的理智把它的规律加于自然界时，他是对的——不过他没有注意到，在不断尝试中我们理智的失败有多么频繁：我们试图强加的律则性在心理学上是先天的，但没有任何理由认为它们像康德所认为的那样（在证明上）是先天有效的。试图将这些律则强加给我们的环境，这一需求显然是与生俱来的，是以内驱力或本能为基础的。一个普遍需求是让世界符合我们的期望。①

这段话相当引人注目的一个方面在于其显著的析取性：律则相容（regularity-subsumption）的原则要么是一个事实论题（这种情况下它缺乏充分的根据支持），要么仅仅是一个基于心理学的约定（这种情况下它在证明上是不相干的）。但是从我们现在的立场来看，这种二分存在严重的缺陷。因为除了事实性主张和心理学倾向之外，还存在与这二者不同的认知策略：理性推定。

虽然在法律推论以及关于争议的理论中，推定始终发挥着重要作用，但在认知理论和哲学认识论中却受到不应有的忽视。这是很不幸的，因为这一概念提供了一种相当有力并且实用的工具，这一点在认知领域的诸多方面都能体现出来。

因为有合理保证的推定这一概念所提供的资源为我们打开了新的、丰富的认知前景。毕竟，认识论必须被认为是比知识理论更具有包容性的，也更为丰富，因为其整个范围还包括概率和似真性这样的问题，在这些问题中我们对真理的宣称并非绝对的而是有限制条件的。而推定这样一种显著的认知资源与事实性知识以及心理倾向都非常不同。

事实上，我们能够并且的确在理性活动的很多领域有效地使用推定，不仅是在法律和日常生中（这是我们所熟悉而且广为人知的），而且在科学和在哲学中也是如此。推定是一个通用的认知工具，在认知运用的广阔领域中能够很好地为我们所用。并且就像目前的探讨所表明的，这一方法在理论性的基本原理方面有深厚的基础，巩固了理性探究和交流的过程。

诉诸推定所带来的一个主要的好处在于它为知识的动态理论提供了基

---

① K. R. Popper, *Objective Knowledge* (Oxford: Clarendon Press, 1972), pp. 23-24.

础——这一理论并不是直接从凭空获得的推定性的真理开始的，而是将知识的获取看成是一个从尝试性推定到最终认可的过程。似真性和推定概念为证明推理的一种特征多样的、非基础主义的方法提供了手段，这种推理将知识的进步看成是可错材料不断升级，而不是从某种直接的、据说是自明的知识里抽绎出推论性知识的两阶段过程。

总的来说，推定对于认知而言是一个重要且特别有用的资源。之所以如此，既是因为它们在填补信息缺失中发挥了关键作用，也是因为它们提供了最初启动我们的认知活动所需的素材。没有推定这种资源，理性探究活动和交流活动将不只是了无生机，而且还会残败不堪。

参考文献

Adams, E. W. "Subjective and Indicative Conditionals." *Foundations of Language*, 6(1970): 39-94.

d'Alembert, Jean Le Rond. *Reflexions sur le calcul des probabilités*, art 10 (*Opuscules mathématiques*), Vol. 2 10ème Mémoire. Paris: David, 1761.

Almeder, Robert. "Fallibilism and the Ultimate Irreversible Opinion." In*Essays in the Theory of Knowledge*, edited by N. Rescher, pp. 33-54. Oxford: Basil Blackwell, 1975; *American Philosophical Quarterly* Monograph, no. 9.

Appiah, Anthony. *Assertion and Conditionals*. Cambridge: Cambridge University Press, 1985.

Aristotle. *Topics*. Cambridge, Mass.: Harvard University Press, 1939.

Aristotle. *On Sophistical Refutations* (De Sophisticis Elenchis), translated by E. S. Forster. Cambridge, Mass.: Harvard University Press, 1955.

Arrow, Kenneth J. "Alternative Approaches to the Theory of Choice in Risk-Taking Situations." *Econometrica*, 19(1951): 404-37.

Audi, Robert. *Practical Reasoning*. New York: Routledge, 1989.

Axelrod, Robert. *The Evolution of Cooperation*. New York: Basic Books, 1984. Bach, Kent. "Default Reasoning." *Pacific Philosophical Quarterly*, 65(1984): 37-58.

Bacon, Francis. *Novum Organon*.

Bernoulli, Daniel. "Specimen theoriae novae de mensura sortis," translated into German by A. Pringsheim as*Versuch einer neuen Theorie von Glücksfällen*. Leipzig: Duncker & Humblot, 1896.

Berkeley, George. *Essays on the Intellectual Powers ofMan*. Edinburgh: John Bell, 1785.

Blanshard, Brand. *The Nature of Thought*. London: Macmillan, 1939.

Borel, Emile. *Valeur pratique et philosophie des probabilités*. Paris: Gauthier-Vellers, 1939.

Braithwaite, R. B. *Scientific Explanation*. Cambridge: Cambridge University Press, 1953.

Brewka, Gerhard. *Nonmonotonic Reasoning: Logical Foundation of Common Sense*. Cambridge: Cambridge University Press, 1991.

Campbell, Richmond and Lanning Sowden(eds.). *Paradoxes ofRationality and*

Cooperation. Vancouver: University of British Columbia Press, 1985.

Campbell, S. K. *Flaws and Fallacies in Statistical Thinking*. Englewood Cliffs: Prentice Hall, 1974.

Chisholm, Roderick M. "Law Statements and Counterfactual Inference." *Analysis*, 15(1955): 97.

Chisholm, Roderick M. *The Problem of the Criterion*. Milwaukee: Marquette University Press, 1973.

Clarke, D. S., Jr. *Practical Inferences*. London: Routledge, 1985.

Clarke, D. S. , Jr. *Rational Acceptance and Purpose*. Totowa, N. J. : Rowman and Littlefield, 1989.

David, Morton D. *Game Theory*. New York: Basic Books, 1970.

Davidson, Donald, and Gilbert Harman (eds.), *The Logic of Grammar*. Encino, Calif. : Dickenson, 1975.

Degnan, R. E. "Evidence. " *Encyclopedia Britannica*, 15th ed. , Vol. 8(1963), pp. 905-916.

Descartes, René. *Meditations on First Philosophy*, No. 1. Trans. R. M. Eaton. Earman, John. *Bayes or Bust*. Cambridge, Mass. : MIT Press, 1992.

Eeinemen, F. H. Van. *Fundamentals of Argumentation Theory*. (Mahwah, N. J. : Lawrence Erlbaum, 1996.

Eisler, Rudolf. *Handwörterbuch der Philosophie*, 2nd ed. Berlin: E. S. Mittler & Sohn, 1922.

Epstein, Richard A. "Pleadings and Presumptions. " *University of Chicago Law Review*, 40(1973/4): 556-582.

Ewing, A. C. *Idealism: A Critical Survey*. London: Macmillan, 1934.

Fairley, G. W. "Criteria for Evaluating the 'Small' Probability of a Catastrophic Accident from the Marine Transportation of Liquefied Natural Gas. " In*Risk-benefit Methodology and Application: Some Papers Presented at the Engineering Foundation Workshop, Asilomar*, edited by D. Okrent. Los Angeles: University of California, Department of Energy and Kinetics, UCLA-ENG 7598; 1975.

Fine, Arthur. "The Natural OntologicalAttitude. " In *Scientific Realism*, edited by Jarret Leplin, pp. 83-107. Berkeley and Los Angeles: University ofCalifornia Press, 1984.

Fischoff, Baruch. "Cost-benefit Analysis and the Art of Motorcycle Maintenance. " *Policy Sciences*, 8(1977): 177-202.

Galilei, Galileo. *Dialogues Concerning Two New Sciences*. Trans. H. Crew and A. de Salve. Evanston: University of Illinois Press, 1914.

Gaskins, Richard H. *Burdens of Proof in Modern Discourse*. New Haven: Yale University Press, 1992.

Garfinkel, Harold. *Studies in Ethnomethodology*. Englewood Cliffs, N. J. : Prentice Hall, 1967.

Gauthier, David. *Morals by Agreement*. Oxford: Oxford University Press, 1986.

Gavanski, Igor, and G. L. Wells. "Counterfactual Processing of Normal and Exceptional Events. " *Journal of Experimental Social Psychology*, 25(1989): 314-325.

Gazdar, G. *Pragmatics, Implications, Presupposition, and Logical Form*. New York: Academic Press, 1979.

Gerhard, C. I. (ed.) . *Die philosophischen Schriften von G. W. Leibniz*, Vol. 3. Berlin: Weidmann, 1887.

Golding, Martin. *Legal Reasoning*. New York: Knopf, 1984.

Gonseth, Ferdinand. "La Notion du normal. " *Dialectica* 3(1947): 243-52. Goodman, N. *Fact; Fiction and Forecast*. Cambridge, Mass. : Harvard University Press, 1955.

Green, A. E. and A. J. Bourne. *Reliability Technology*. New York: Wiley-Interscience, 1972.

Grice, H. P. "Logic and Conversation." In *The Logic of Grammar*, edited by D.

Davison and G. Harman, pp. 64-75. Encino, Calif.: Dickenson, 1975. Grice, H. P. *Studies in the Ways of Words*. Cambridge, Mass.: Harvard University Press, 1989.

Hall, Roland. "Presuming." *Philosophical Quarterly*, 11(1961): 10-22.

Hanson, Norwood R. *Patterns of Discovery*. Cambridge: Cambridge University Press, 1958.

Hanson, Norwood R. "Is There a Logic of Discovery?" In *Current Issues in the Philosophy of Science*, Vol. I, edited by H. Feigl and G. Maxwell. (New York: Free Press, 1961).

Hardwig, John. "The Role of Trust in Knowledge." *Journal of Philosophy*, 88(1991): 693-708.

Harper, William L. "A Sketch of Some Recent Developments in the Theory of Conditionals." In *IFS: Conditionals, Belief, Decision, Chance and Time*, edited by W. L. Harper, L. G. Pearson, and R. Stalnaker. Dordrecht: D. Reidel, 1981.

Hilpinen, R. *Rules of Acceptances and Inductive Logic*. (Amsterdam: North-Holland Publishing, 1968; *Acta Philosophica Fennica*, fasc. 22).

Holdren, J. P. "The Nuclear Controversy and the Limitations of Decision Making by Experts." *Bulletin of the Atomic Scientists*, 32(1976): 20-22.

Ilbert, Sir Courtenay. "Evidence." *Encyclopedia Britannica*, 11th ed., Vol. 10, pp. 11-21. Cambridge, 1910.

Jackson, Frank (ed.). *Conditionals*. Oxford: Clarendon Press, 1991.

James, William. "The Sentiment of Rationality." In *The Will to Believe and Other Essays in Popular Philosophy*. New York: Longmans Green, 1897.

Jeffrey, Richard C. *The Logic of Decision*, 2nd ed. Chicago & London: University of Chicago Press, 1983.

Joachim, H. H. *The Nature of Truth*. Oxford: Clarendon Press, 1906.

Jones, Burr W. *The Law of Evidence*. San Francisco: Bancroft-Whitney, 1896; 5th ed., 1958).

Kahneman, Daniel, and D. T. Miller. "Norm Theory: Comparing Reality to Its Alternatives." *Psychological Review*, 93(1986): 136-153.

Kahneman, Daniel, and A. Tversky. "The Simulation Heuristic." In *Judgment under Uncertainty*, edited by Daniel Kahneman, P. Slovic, and A. Twersky, pp. 201-8. Cambridge: Cambridge University Press, 1982.

Kates, R. W. "Hazard and Choice Perception in Flood Plain Management." Research Paper No. 78, Department of Geography, University of Chicago, 1962.

Katzner, Louis I. "Presumptions of Reason and Presumptions ofJustice." *The Journal ofPhilosophy*, 70(1973): 89-100.

Keffer, H. *De Obligationibus: Relevastrontation einer sp ¨ atmittelalterlichen Disputa-tionstheorie*. Leiden: Brill, 2001.

Kelley, H. H. , and J. Michaela. " Attribution Theory and Research. " *Annual Review ofPsychology*, 31(1980):457-501.

Keynes, Maynard. *A Treatise on Probability*. London: Macmillan, 1921.

Kneale, William. *Probability and Induction*. Oxford: Clarendon Press, 1939.

Kyburg, Henry E. , Jr. *Probability and the Logic of Rational Belief*. Middletown, Conn. : Wesleyan University Press, 1961.

Kyburg, Henry E. , Jr. , and Chon Man Teng. *Uncertain Inference*. Cambridge: Cambridge University Press, 2001.

Lalande, André. *Vocabulaire de laphilosophie*, 9th ed. Paris: Presses Universitaires de France, 1962.

Lamb, James W. " Knowledge and Justified Presumption. " *Journal ofPhilosophy*, 69 (1972): 123-127.

Levi, I. *Gambling with Truth*. New York: Knopf, 1967.

Levinson, S. *Pragmatics*. Cambridge: Cambridge University Press, 1983.

Levinson, S. *Presumptive Meanings*. Cambridge, Mass. : MIT Press, 2002.

Lewis, C. I. *An Analysis of Knowledge and Valuation* (La Salle, Ill. : Open Court, 1962).

Lewis, David. " Causal Decision Theory. " *Australasian Journal of Philosophy*, 59(1981):14.

Lewis, David. *Counterfactuals*. Oxford: Blackwell, 1973.

Lewis, David. *Convention: A Philosophical Study*. Cambridge, Mass: Harvard University Press, 1969.

Llendu, J. E. " Presuppositions, Assumptions, and Presumptions. " *Theoria*, 28(1962):15-72.

Llewelton, J. E. " Presuppositions, Assumptions, and Presumptions. " *Theoria*, 28(1962):158-172.

Lowrance, William W. *OfAcceptable Risk*. Los Altos: Kaufmann, 1976.

Martin, Theirry. *Probabilités et critique philosophique selon Cournot*. Paris: Vrin, 1990.

McCarthy, John. " Circumscription—a Form of Non-monotonic Reasoning. " *Artificial Intelligence*, 13(1980):27-30.

McDermott, D. , and J. Doyle, " Non-Monotonic Logic. " *Artificial Intelligence*, 13(1980):41-72.

Mercer, Robert E. *A Default-Logic Approach to Natural Language Presuppositions*. Vancouver: University of British Columbia, 1987.

Morgan, Edmund M. " Some Observations Concerning Presumptions. " *Harvard Law Review*, 44(1930—31):906-34.

Morgan, Edmund M. " Instructing the Jury upon Presumptions and Burden of Proof. " *Harvard Law Review*, 47(1933—34):59-83.

Nagel, Ernest. *The Structure of Science*. New York: Harcourt-Brace-World, 1961. Parsons, Terence. " A Meinongian Analysis of Fictional Objects. " *Grazer Philosophische Studien*, 1(1974):73-86.

Parsons, Terence. " A Prolegomenon to Meinongian Semantics. " *Journal ofPhi-losophy*, 71 (1974): 551-60.

Peirce, C. S. *Collected Papers*, 8 vols. Cambridge: Harvard University Press, 1931—1958.

Perelman, Chaim. *Justice, Law and Argument*. Dordrecht: Reidel, 1980.

Perelman, Chaim, and L. Olbrechts-Tyteca. *The New Rhetoric: A Treatise on Argu-mentation*, 2nd ed. , translated. by J. Wilkinson and P. Weaver. Notre Dame:

University of Notre Dame Press, 1969.

Phipson, Sidney L. *The Law of Evidence*. London: Stevens and Haynes, 1892; 11th ed. , 1970.

Pollock, J. L. "A Theory of Defeasible Reasoning." *InternationalJournal ofIntel ligent Systems*, 6(1991): 33-54.

Popper, K. R. *Objective Knowledge*. Oxford: Clarendon Press, 1972.

Polya, Georre. *Introduction and Analogy in Mathematics*. Princeton: Princeton University Press, 1954.

Polya, Georre. *Patterns of Plausible Inference*. Princeton, 1954.

Rappoport, Anatol. "Escape from Paradox." *American Scientist*, 217(1967): 50-56.

Rapport, A. , and A. M. Chammah. *Prisoner's Dilemma: A Study in Conflict and Cooperation*. Ann Arbor: University of Michigan Press, 1965.

Reid, Thomas. *An Inquiry into the Human Mind*. (1764).

Reid, Thomas. *Essays on the Intellectual Powers of Man*. Edinburgh: John Bell, 1785.

Reiter, Raymond. "A Logic for Default Reasoning." *Artificial Intelligence*, 13(1980): 81-132.

Reiter, Ray. "Nonmonotonic Reasoning." *Annual Review of Computer Sciences*, 2(1987): 147-186.

Rescher, Nicholas. "The Illegitimacy of Cartesian Doubt." *Review ofMetaphysics*, 13(1959): 226-34.

Reprinted with some revisions in *Essays in Philozsophical Analysis* (Pittsburgh: University of Pittsburgh Press, 1969).

Rescher, Nicholas. "Belief-Contravening Suppositions." *Philosophical Review*, 70(1961): 176-196.

Rescher, Nicholas. *Hypothetical Reasoning*. Amsterdam: North Holland, 1964. Rescher, Nicholas. *The Coherence Theory of Truth*. Oxford: Clarendon Press, 1973.

Rescher, Nicholas. *The Primacy of Practice*. Oxford: Clarendon Press, 1973.

Rescher, Nicholas. *Plausible Reasoning*. Assen-Amsterdam: Van Gorcum, 1976.

Rescher, Nicholas. *Dialectics: A Controversy-Oriented Approach to the Theory of Knowledge*. Albany: SUNY Press, 1977.

Rescher, Nicholas. *Methodological Pragmatism*. Oxford: Blackwell, 1977.

Rescher, Nicholas. *Peirce's Philosophy ofScience*. Notre Dame: University of Notre Dame Press, 1978.

Rescher, Nicholas. *Induction*. Oxford: Basil Blackwell, 1980.

Rescher, Nicholas. *Empirical Inquiry*. Totowa, N. J. : Rowman and Littlefield, 1982.

Rescher, Nicholas. *Risk*. Lanham, Md. : University Press of America, 1983. Rescher, Nicholas. *Scepticism*. Oxford: Blackwell, 1980.

Rescher, Nicholas. *Cognitive Economy*. Pittsburgh: University of Pittsburgh Press, 1989.

Rescher, Nicholas. *Human Knowledge in Idealistic Perspective*. Princeton: Princeton University Press, 1991.

Rescher, Nicholas. *A Useful Inheritance*. Pittsburgh: University of Pittsburgh Press, 1994.

Rescher, Nicholas. *Imagining Irreality*. Chicago: Open Court, 2000.

Rescher, Nicholas. *Fairness*. New Brunswick, N. J.: Transaction Press, 2001.

Revlis, R., and J. R. Hayes. "The Primacy of Generalities in Hypothetical Reasoning." *Cognitive Psychology*, 3 (1972): 268-290.

Revlis, R., S. G. Lipkin, and J. R. Hayes. "The Importance of Universal Quantifiers in a Hypothetical Reasoning Task." *Journal of Verbal Learning and Verbal Behavior*, 10 (1971): 86-91.

Robinson, R. "Arguing from Ignorance." *Philosophical Quarterly*, 21 (1971): 97-108.

Roese, Neal J., and James M. Olsen, "Self-esteem and Counterfactual Think-ing," *Journal ofPersonality and Social Psychology*, 65 (1993): 199-206.

Ross, Angus. "Why Do We Believe What We are Told?" *Ratio*, 28 (1986): 69-88. Ross, W. D. *Aristotle's Prime and Posterior Analytics*. Oxford: Clarendon Press, 1949.

Rougier, Louis. *Traitéde la connaisance*. Paris: Gauthier-Villars, 1955.

Ruse, Michael. *Taking Darwin Seriously*. Oxford: Blackwell, 1986.

Russell, Bertrand. *The Problems ofPhilosophy*. New York: Henry Holt, 1912.

Sandbach, F. H. "Ennoia and Prolepsis in the Stoic Theory of Knowledge." In *Problems in Stoicism*, edited by A. A. Long, pp. 22-37. London: Athlone Press, 1971.

Sanders, Gerald H. *Introduction to Contemporary Academic Debate*, 2nd ed. Prospect Heights, Ill.: Waveland Press, 1983.

Scheffler, I. *Science and Subjectivity*. New York. 1967.

Schlick, M. "The Foundation of Knowledge." In*Logical Positivism*, edited by A. J. Ayer, pp. 209-27. Glencoe, Ill., 1959.

Schutz, Alfred. *Der sinnhafte Aufbau der sozialen Welt*. Wien: J. Springer, 1932.

Searle, John. *Speech Acts*. Cambridge: Cambridge University Press, 1969.

Sellars, Wilfred. "Giveness and Explanatory Coherence." *Journal ofPhilosophy*, 70 (1973).

Sextus Empiricus. *Outlines ofPyrrhonism*.

Simon, Herbert A. "Thinking by Computers" and "Scientific Discovery and the Psychology of Problem Solving." In*Mind and Cosmos*, edited by R. E. Colodny, pp. 115-32. Pittsburgh, 1966.

Slote, Michael, A. *Beyond Optimizing*. Cambridge, Mass.: Harvard University Press, 1989.

Slovic, Paul. "Behavioral Decision Theory." *Annual Review of Psychology*, 28 (1977): 1-39.

Slovic, Paul, et al. "Preference for Insuring against Probable Small Losses: Insurance Implications." *Journal of Risk and Insurance*, 44 (1977): 237-58. Sosa, Ernest (ed.). *Causation and Conditionals*. London: Oxford University Press, 1975.

Sowell, Thomas. *Knowledge and Decisions*. New York: Basic Books, 1980.

Sperbar, David, and Deirdre Wilson. *Relevance: Communication and Cognition*. Oxford: Basil Blackwell, 1986.

Sproule, J. Michael. "The Psychological Burden of Proof: On the Evolutionary Development of Richard Whately's Theory of Presumption." *Communicative Monographs*, 43 (1976): 115-129.

Stephen, James Fitzjames. *A Digest of the Law of Evidence*. London: Macmillan, 1877.

Stough, Charlotte L. *Greek Skepticism*. Berkeley and Los Angeles: University of California Press, 1969.

Stump, Eleonore, and P. V. Spade. "Obligations." In *The Cambridge History of Later Medieval Philosophy*, edited by Norman Kretzmann, pp. 315-41. Cambridge: Cambridge University Press, 1998.

Thayer, James Bradley. *A Preliminary Treatise on Evidence at Common Law*. Boston: Little, Brown, 1898.

Toulmin, Steven. *The Uses of Argument*. Cambridge: Cambridge University Press, 1958.

Turnbull, W., and C. McFarland, "Counterfactual Thinking and Social Perception: Thinking about What Might Have Been." In *Advances in Experimental Social Psychology*, edited by M. P. Zanna, pp. 305-31. Orlando, Fla.: Academic Press, 1990.

Tuomela, Raimo. *Cooperation*. Dordrecht: Kluwer, 2000.

Tversky, A., and D. Kahneman. "Judgment under Uncertainty: Heuristics and Biases." *Science*, 185 (1974): 1124-131.

Ullmann-Margalit, Edna. "On Presumption." *Journal of Philosophy*, 80 (1983): 143-163.

Ullmann-Margalit, Edna, and Avisha Margalit. "Analyticity by Way of Presumption." *Canadian Journal of Philosophy*, 12 (1982): 435-452.

Underwood, Barbara D. "The Thumb on the Scales of Justice: Burdens of Persuasion in Criminal Cases." *Yale Law Journal*, 86 (1977): 1199-1348.

U. S. Atomic Energy Commission (U. S. Nuclear Regulatory Commission). *An Assessment of Accident Risks in U. S. Commercial Nuclear Power Plants*. Washington, D. C.: U. S. Government Printing Office, 1974.

U. S. Food and Drug Administration. "Chemical Compounds in Food-processing Animals. Criteria and Procedures for Evaluating Assays of Carcinogenic Residues." Washington, D. C.: U. S. Government Printing Office, March 20, 1979; 44 *Federal Register*, 17060-17114.

Vollmer, H. M., and D. L. Mills (eds.,). *Professionalization*. Englewood Cliffs: Prentice Hall, 1966.

Walters, R. S. "Laws of Science and Lawlike Statements." In *Encyclopedia of Philosophy*, Vol. IV edited by P. Edwards, pp. 410-14. New York: Macmillan, 1967.

Walton, Douglas N. "Burden of Proof." *Argumentation*, 2 (1988): 233-254.

Walton, Douglas N. *Informal Logic*. Cambridge: Cambridge University Press, 1989.

Walton, Douglas N. *Argumentation Schemes for Presumptive Reasoning*. Mahwah, N. J.: Lawrence Erlbaum, 1996.

Walton, Douglas N. *Plausible Argument in Everyday Conversation*. Albany: State University of New York Press, 1992.

Walton, Douglas N. *Arguments from Ignorance.* University Park, Penn. : Pennsylvania State University Press, 1995).

Ward, G. , and L. Harn(eds.). *Handbook ofPragmatics.* Oxford: Basil Blackwell, 2003.

Whately, Richard. *Elements of Logic.* New York: William Jackson, 1836.

Whately, Richard. *Elements of Rhetoric.* London and Oxford: John Murry and J. F. Parker, 1828.

White, A. R. " Coherence Theory of Truth. " In*Encyclopedia of Philosophy*, edited by P. Edwards 2(1967): 130-133.

Wigmore, John Henry. *A Treatise on the Anglo-American System of Evidence in Trials at Common Law*, Vol. 10(Boston: Little, Brown, 1904—1905; 3rd ed. , 1940.

Wigmore, John Henry. *The Principles ofJudicial Proof.* Boston, 1913; with numerous later editions.

Wigmore, John Henry. *Evidence in Trials at Common Law*, revised by T. Chadbonn. Boston: Little, Brown, 1981.

Willard, Charles A. *Theory ofArgumentation.* Tuscaloosa: University of Alabama Press, 1981.